目 录

经济类综合能力数学预测试题(一)解析

1.【答案】B

【解析】令$\lim\limits_{x\to 0}f(x)=a$,则$f(x)=\dfrac{\sin 2x}{x}+3a$. 令$x\to 0$,两边取极限得$a=2+3a$,故$a=-1$. 于是,$\lim\limits_{x\to\infty}f(x)=\lim\limits_{x\to\infty}\left(\dfrac{1}{x}\sin 2x-3\right)=0-3=-3$. 应选B.

2.【答案】B

【解析】
$$\lim_{x\to 0}(\cos 2x+\sin^2 x)^{\frac{1}{x^2}}=\lim_{x\to 0}[1+(\cos 2x+\sin^2 x-1)]^{\frac{1}{x^2}}=e^{\lim\limits_{x\to 0}\frac{\cos 2x+\sin^2 x-1}{x^2}}$$
$$=e^{\lim\limits_{x\to 0}\frac{-2\sin 2x+2\sin x\cos x}{2x}}=e^{\lim\limits_{x\to 0}\frac{-\sin 2x}{2x}}=e^{-1}.$$

应选B.

3.【答案】C

【解析】因为当$x\to 0$时,$1-\cos(1-\cos x)\sim\dfrac{1}{2}(1-\cos x)^2\sim\dfrac{1}{2}\left(\dfrac{1}{2}x^2\right)^2=\dfrac{1}{8}x^4$,$(1+x^n)^\alpha-1\sim\alpha x^n$,所以$\alpha=\dfrac{1}{8}$,$n=4$,则$\alpha n=\dfrac{1}{2}$. 应选C.

4.【答案】D

【解析】函数$y=\dfrac{1}{e^x-1}$的定义域为$(-\infty,0)\cup(0,+\infty)$. 因为
$$\lim_{x\to 0}y=\lim_{x\to 0}\frac{1}{e^x-1}=\infty,$$
故曲线$y=\dfrac{1}{e^x-1}$有一条铅直渐近线$x=0$. 因为
$$\lim_{x\to-\infty}\frac{1}{e^x-1}=-1,\ \lim_{x\to+\infty}\frac{1}{e^x-1}=0,$$
故曲线$y=\dfrac{1}{e^x-1}$有两条水平渐近线$y=-1$与$y=0$. 于是,曲线$y=\dfrac{1}{e^x-1}$的渐近线条数为3. 应选D.

5.【答案】A

【解析】
$$\lim_{x\to x_0}\frac{x^2f(x_0)-x_0^2f(x)}{x^2-x_0^2}=\lim_{x\to x_0}\frac{(x^2-x_0^2)f(x_0)-x_0^2[f(x)-f(x_0)]}{x^2-x_0^2}$$
$$=f(x_0)-\lim_{x\to x_0}\frac{x_0^2}{x+x_0}\cdot\lim_{x\to x_0}\frac{f(x)-f(x_0)}{x-x_0}$$
$$=f(x_0)-\frac{1}{2}x_0f'(x_0).$$

应选A.

6.【答案】E

【解析】法一：方程 $f(e^x+e^{-x})=e^{2x}+e^{-2x}$ 两边对 x 求导得

$$f'(e^x+e^{-x})\cdot(e^x-e^{-x})=2e^{2x}-2e^{-2x},$$

故 $f'(e^x+e^{-x})=\dfrac{2e^{2x}-2e^{-2x}}{e^x-e^{-x}}=2(e^x+e^{-x})$. 应选 E.

法二：$f(e^x+e^{-x})=e^{2x}+e^{-2x}=(e^x+e^{-x})^2-2$，令 $u=e^x+e^{-x}$，则有 $f(u)=u^2-2$，故 $f'(u)=2u$，从而 $f'(e^x+e^{-x})=2(e^x+e^{-x})$. 应选 E.

7.【答案】C

【解析】由于 $f(x)$ 在闭区间$[0,2]$上二阶可导，根据拉格朗日中值定理，存在 $\xi_1\in(0,1)$，$\xi_2\in(1,2)$，使得 $f(1)-f(0)=f'(\xi_1)$，$f(2)-f(1)=f'(\xi_2)$. 由 $f''(x)>0$ 知，$f'(x)$ 在$[0,2]$上单调增加，而 $0<\xi_1<1<\xi_2<2$，所以 $f'(\xi_1)<f'(1)<f'(\xi_2)$，从而 $f(1)-f(0)<f'(1)<f(2)-f(1)$. 应选 C.

8.【答案】D

【解析】$y'=5ax^4+4bx^3$，$y''=20ax^3+12bx^2=4x^2(5ax+3b)$.

由题可知$\begin{cases}y(-1)=2,\\y''(-1)=0,\end{cases}$即$\begin{cases}-a+b=2,\\-5a+3b=0,\end{cases}$解得$\begin{cases}a=3,\\b=5,\end{cases}$则 $ab=15$. 应选 D.

9.【答案】E

【解析】由$\int x^2f'(x)\mathrm{d}x=2\sin x-x\cos x+C$ 得

$$x^2f'(x)=(2\sin x-x\cos x)'=x\sin x+\cos x,$$

故 $f'(x)=\dfrac{x\sin x+\cos x}{x^2}$. 由于 $f\left(\dfrac{\pi}{2}\right)=0$，因此

$$f(x)=\int_{\frac{\pi}{2}}^{x}f'(t)\mathrm{d}t=\int_{\frac{\pi}{2}}^{x}\frac{t\sin t+\cos t}{t^2}\mathrm{d}t=\int_{\frac{\pi}{2}}^{x}\frac{\sin t}{t}\mathrm{d}t+\int_{\frac{\pi}{2}}^{x}\frac{\cos t}{t^2}\mathrm{d}t$$

$$=\int_{\frac{\pi}{2}}^{x}\frac{\sin t}{t}\mathrm{d}t-\int_{\frac{\pi}{2}}^{x}\cos t\,\mathrm{d}\left(\frac{1}{t}\right)=\int_{\frac{\pi}{2}}^{x}\frac{\sin t}{t}\mathrm{d}t-\frac{1}{t}\cos t\Big|_{\frac{\pi}{2}}^{x}-\int_{\frac{\pi}{2}}^{x}\frac{\sin t}{t}\mathrm{d}t=-\frac{\cos x}{x}.$$

于是，$f(\pi)=\dfrac{1}{\pi}$. 应选 E.

10.【答案】E

【解析】$I_1=\int_0^{+\infty}\dfrac{x}{(1+x^2)^2}\mathrm{d}x=\dfrac{1}{2}\int_0^{+\infty}\dfrac{\mathrm{d}(1+x^2)}{(1+x^2)^2}=-\dfrac{1}{2}\dfrac{1}{1+x^2}\Big|_0^{+\infty}=\dfrac{1}{2}$,

$$I_2=\int_0^{+\infty}\frac{x^2}{(1+x^2)^2}\mathrm{d}x=-\frac{1}{2}\int_0^{+\infty}x\mathrm{d}\left(\frac{1}{1+x^2}\right)$$

$$=-\frac{1}{2}\frac{x}{1+x^2}\Big|_0^{+\infty}+\frac{1}{2}\int_0^{+\infty}\frac{1}{1+x^2}\mathrm{d}x=\frac{1}{2}\arctan x\Big|_0^{+\infty}=\frac{\pi}{4},$$

$$I_0=\int_0^{+\infty}\frac{1}{(1+x^2)^2}\mathrm{d}x=\int_0^{+\infty}\frac{(1+x^2)-x^2}{(1+x^2)^2}\mathrm{d}x=\int_0^{+\infty}\frac{1}{1+x^2}\mathrm{d}x-I_2$$

$$= \arctan x\Big|_0^{+\infty} - \frac{\pi}{4} = \frac{\pi}{4}.$$

故 $I_1 < I_0 = I_2$. 应选 E.

11.【答案】E

【解析】
$$I = \frac{1}{a}\int_{-a}^{a}\frac{1}{1+b^{\lambda x}}\mathrm{d}x = \frac{1}{a}\int_0^a\left(\frac{1}{1+b^{\lambda x}} + \frac{1}{1+b^{-\lambda x}}\right)\mathrm{d}x$$
$$= \frac{1}{a}\int_0^a\left(\frac{1}{1+b^{\lambda x}} + \frac{b^{\lambda x}}{1+b^{\lambda x}}\right)\mathrm{d}x = \frac{1}{a}\int_0^a \mathrm{d}x = 1,$$

故 I 的值与 a,b,λ 的取值均无关. 应选 E.

12.【答案】B

【解析】函数 $f(x)$ 的定义域为$(-\infty,+\infty)$.

$$f'(x) = \left(x\int_0^x \mathrm{e}^{-t^2}\mathrm{d}t\right)' = \int_0^x \mathrm{e}^{-t^2}\mathrm{d}t + x\mathrm{e}^{-x^2},$$
$$f''(x) = 2\mathrm{e}^{-x^2} - 2x^2\mathrm{e}^{-x^2} = -2(x^2-1)\mathrm{e}^{-x^2}.$$

根据积分中值定理,存在 $\xi \in [0,x]$ 或 $\xi \in [x,0]$,使得 $\int_0^x \mathrm{e}^{-t^2}\mathrm{d}t = x\mathrm{e}^{-\xi^2}$. 故

$$f'(x) = x\mathrm{e}^{-\xi^2} + x\mathrm{e}^{-x^2} = x(\mathrm{e}^{-\xi^2} + \mathrm{e}^{-x^2}).$$

令 $f'(x) = 0$,得唯一驻点 $x = 0$. 由于 $f''(0) = 2 > 0$,故函数 $f(x)$ 在 $x = 0$ 处取极小值,即函数 $f(x)$ 有且仅有一个极小值.

令 $f''(x) = 0$,得 $x = \pm 1$. 显然 $f''(x)$ 在 $x = -1$ 与 $x = 1$ 两侧均异号,故函数 $f(x)$ 的图形有两个拐点. 应选 B.

13.【答案】C

【解析】令 $t = \frac{1}{u}$,则

$$f\left(\frac{1}{\mathrm{e}}\right) = \int_1^{\frac{1}{\mathrm{e}}}\frac{\ln t}{t+1}\mathrm{d}t = \int_1^{\mathrm{e}}\frac{-\ln u}{\frac{1}{u}+1}\left(-\frac{1}{u^2}\right)\mathrm{d}u = \int_1^{\mathrm{e}}\frac{\ln u}{u^2+u}\mathrm{d}u = \int_1^{\mathrm{e}}\frac{\ln t}{t^2+t}\mathrm{d}t,$$

故
$$f(\mathrm{e}) + f\left(\frac{1}{\mathrm{e}}\right) = \int_1^{\mathrm{e}}\frac{\ln t}{t+1}\mathrm{d}t + \int_1^{\mathrm{e}}\frac{\ln t}{t^2+t}\mathrm{d}t = \int_1^{\mathrm{e}}\left(\frac{\ln t}{t+1} + \frac{\ln t}{t^2+t}\right)\mathrm{d}t$$
$$= \int_1^{\mathrm{e}}\frac{\ln t}{t}\mathrm{d}t = \frac{1}{2}\ln^2 t\Big|_1^{\mathrm{e}} = \frac{1}{2}.$$

应选 C.

14.【答案】C

【解析】令 $\int_0^1 f(x)\mathrm{d}x = a$,则 $f(x) = ax^2 + \sqrt{1-x^2}$,所以

$$\int_0^1 f(x)\mathrm{d}x = \int_0^1 (ax^2 + \sqrt{1-x^2})\mathrm{d}x.$$

由定积分的几何意义得 $\int_0^1 \sqrt{1-x^2}\,\mathrm{d}x = \frac{\pi}{4}$,则

$$\int_0^1 f(x)\mathrm{d}x = \frac{1}{3}ax^3\Big|_0^1 + \frac{\pi}{4} = \frac{1}{3}a + \frac{\pi}{4},$$

即 $a = \frac{1}{3}a + \frac{\pi}{4}$，故 $\int_0^1 f(x)\mathrm{d}x = a = \frac{3\pi}{8}$.

注意到 $f(x)$ 是偶函数，故 $\int_{-1}^1 f(x)\mathrm{d}x = 2\int_0^1 f(x)\mathrm{d}x = \frac{3}{4}\pi$. 应选 C.

15. **【答案】** D

【解析】 由 $\begin{cases} y = x\ln x, \\ y = (4-x)\ln x \end{cases}$ 解得两曲线的交点坐标为 $(1,0)$，$(2,2\ln 2)$. 所求面积为

$$A = \int_1^2 [(4-x)\ln x - x\ln x]\mathrm{d}x = 2\int_1^2 (2-x)\ln x\mathrm{d}x = -\int_1^2 \ln x\mathrm{d}[(2-x)^2]$$

$$= -(2-x)^2\ln x\Big|_1^2 + \int_1^2 \frac{(2-x)^2}{x}\mathrm{d}x = \int_1^2 \left(x - 4 + \frac{4}{x}\right)\mathrm{d}x$$

$$= \left(\frac{1}{2}x^2 - 4x + 4\ln x\right)\Big|_1^2 = 4\ln 2 - \frac{5}{2}.$$

应选 D.

16. **【答案】** D

【解析】 曲线 $y = x^3$ 与 $y = x^2$ 的交点坐标为 $(0,0)$ 与 $(1,1)$. D 绕 x 轴与 y 轴旋转一周所形成的旋转体的体积分别为

$$V_x = \pi\int_0^1 [(x^2)^2 - (x^3)^2]\mathrm{d}x = \pi\int_0^1 (x^4 - x^6)\mathrm{d}x = \frac{2}{35}\pi,$$

$$V_y = 2\pi\int_0^1 x(x^2 - x^3)\mathrm{d}x = 2\pi\int_0^1 (x^3 - x^4)\mathrm{d}x = \frac{1}{10}\pi.$$

于是，$V_x : V_y = 4 : 7$. 应选 D.

17. **【答案】** D

【解析】 $$\frac{\partial z}{\partial x} = f'\left(\arctan\frac{x+y}{x-y}\right)\cdot\frac{1}{1+\left(\frac{x+y}{x-y}\right)^2}\cdot\frac{-2y}{(x-y)^2} = \frac{-y}{x^2+y^2}f'\left(\arctan\frac{x+y}{x-y}\right),$$

$$\frac{\partial z}{\partial y} = f'\left(\arctan\frac{x+y}{x-y}\right)\cdot\frac{1}{1+\left(\frac{x+y}{x-y}\right)^2}\cdot\frac{2x}{(x-y)^2} = \frac{x}{x^2+y^2}f'\left(\arctan\frac{x+y}{x-y}\right).$$

故

$$x\frac{\partial z}{\partial x} + y\frac{\partial z}{\partial y} = x\cdot\frac{-y}{x^2+y^2}f'\left(\arctan\frac{x+y}{x-y}\right) + y\cdot\frac{x}{x^2+y^2}f'\left(\arctan\frac{x+y}{x-y}\right) = 0.$$

应选 D.

18. **【答案】** A

【解析】 由 $\begin{cases} x + y = 1, \\ \frac{y}{x} = 1 \end{cases}$ 解得 $x = y = \frac{1}{2}$. 等式 $f\left(x+y, \frac{y}{x}\right) = x^2 - y^2$ 两边依次对 x, y

求导得

$$\begin{cases} f'_u\left(x+y,\dfrac{y}{x}\right)+f'_v\left(x+y,\dfrac{y}{x}\right)\cdot\left(-\dfrac{y}{x^2}\right)=2x, \\ f'_u\left(x+y,\dfrac{y}{x}\right)+f'_v\left(x+y,\dfrac{y}{x}\right)\cdot\dfrac{1}{x}=-2y. \end{cases}$$

将 $x=y=\dfrac{1}{2}$ 代入,得 $\begin{cases} f'_u(1,1)-2f'_v(1,1)=1, \\ f'_u(1,1)+2f'_v(1,1)=-1, \end{cases}$ 解得 $f'_u(1,1)=0, f'_v(1,1)=-\dfrac{1}{2}$.

应选 A.

19.【答案】A

【解析】令 $F(x,y,z)=z^3-3xyz+x^3-9$,则

$$F'_x=-3yz+3x^2, F'_y=-3xz, F'_z=3z^2-3xy,$$

故

$$\frac{\partial z}{\partial x}=-\frac{F'_x}{F'_z}=-\frac{-3yz+3x^2}{3z^2-3xy}=\frac{yz-x^2}{z^2-xy},$$

$$\frac{\partial z}{\partial y}=-\frac{F'_y}{F'_z}=-\frac{-3xz}{3z^2-3xy}=\frac{xz}{z^2-xy}.$$

将 $x=1,y=0$ 代入 $z^3-3xyz+x^3=9$ 解得 $z=2$,从而

$$\left.\frac{\partial z}{\partial x}\right|_{(1,0)}=\left.\frac{yz-x^2}{z^2-xy}\right|_{(1,0,2)}=-\frac{1}{4},$$

$$\left.\frac{\partial z}{\partial y}\right|_{(1,0)}=\left.\frac{xz}{z^2-xy}\right|_{(1,0,2)}=\frac{1}{2}.$$

于是,

$$\mathrm{d}z\big|_{(1,0)}=\left.\frac{\partial z}{\partial x}\right|_{(1,0)}\mathrm{d}x+\left.\frac{\partial z}{\partial y}\right|_{(1,0)}\mathrm{d}y=-\frac{1}{4}\mathrm{d}x+\frac{1}{2}\mathrm{d}y.$$

应选 A.

20.【答案】B

【解析】

$$f'_x(x,y)=6x^2-6x, f'_y(x,y)=2y-2,$$

$$f''_{xx}(x,y)=12x-6, f''_{xy}(x,y)=0, f''_{yy}(x,y)=2.$$

由 $\begin{cases} f'_x(x,y)=0, \\ f'_y(x,y)=0 \end{cases}$ 解得函数 $f(x,y)$ 的驻点为 $(0,1),(1,1)$.

在驻点 $(0,1)$ 处,$A=f''_{xx}(0,1)=-6, B=f''_{xy}(0,1)=0, C=f''_{yy}(0,1)=2$. 因为 $AC-B^2=-12<0$,所以 $f(0,1)$ 不是极值.

在驻点 $(1,1)$ 处,$A=f''_{xx}(1,1)=6, B=f''_{xy}(1,1)=0, C=f''_{yy}(1,1)=2$. 因为 $AC-B^2=12>0$,且 $A>0$,所以 $f(1,1)$ 是极小值. 应选 B.

21.【答案】B

【解析】 $\lim\limits_{x\to 0}\dfrac{f(x_0+2x,y_0)-f(x_0-2x,y_0)}{x}$

$$= \lim_{x \to 0} \frac{f(x_0 + 2x, y_0) - f(x_0, y_0) - [f(x_0 - 2x, y_0) - f(x_0, y_0)]}{x}$$

$$= \lim_{x \to 0} \frac{f(x_0 + 2x, y_0) - f(x_0, y_0)}{x} - \lim_{x \to 0} \frac{f(x_0 - 2x, y_0) - f(x_0, y_0)}{x}$$

$$= 2 \lim_{x \to 0} \frac{f(x_0 + 2x, y_0) - f(x_0, y_0)}{2x} + 2 \lim_{x \to 0} \frac{f[x_0 + (-2x), y_0] - f(x_0, y_0)}{-2x}$$

$$= 2f'_x(x_0, y_0) + 2f'_x(x_0, y_0) = 4f'_x(x_0, y_0).$$

由于$\lim\limits_{x \to 0} \dfrac{f(x_0 + 2x, y_0) - f(x_0 - 2x, y_0)}{x} = 2$，故 $f'_x(x_0, y_0) = \dfrac{1}{2}$. 应选 B.

22. **【答案】** A

【解析】 $D = \begin{vmatrix} a & b & c \\ a^2 & b^2 & c^2 \\ b+c & c+a & a+b \end{vmatrix} \xlongequal{r_3 + r_1} \begin{vmatrix} a & b & c \\ a^2 & b^2 & c^2 \\ a+b+c & a+b+c & a+b+c \end{vmatrix}$

$$\xlongequal[r_3 \leftrightarrow r_2]{r_3 \leftrightarrow r_1} (a+b+c) \begin{vmatrix} 1 & 1 & 1 \\ a & b & c \\ a^2 & b^2 & c^2 \end{vmatrix} = (a+b+c)(b-a)(c-a)(c-b).$$

由于 a,b,c 是互异的实数，故 $D = 0$ 的充分必要条件是 $a + b + c = 0$. 应选 A.

23. **【答案】** A

【解析】 $(k\boldsymbol{A}^{-1})^* = |k\boldsymbol{A}^{-1}|(k\boldsymbol{A}^{-1})^{-1} = k^n \dfrac{1}{|\boldsymbol{A}|} k^{-1}\boldsymbol{A} = k^{n-2}\boldsymbol{A}$. 应选 A.

24. **【答案】** E

【解析】 由 $\boldsymbol{AB} = \boldsymbol{O}$ 得 $r(\boldsymbol{A}) + r(\boldsymbol{B}) \leqslant 3$.

当 $k = 1$ 时，$\boldsymbol{A} = \begin{pmatrix} 1 & 2 & 1 \\ 1 & 2 & 1 \\ 1 & 2 & 1 \end{pmatrix}$，故 $r(\boldsymbol{A}) = 1$，从而 $r(\boldsymbol{B}) \leqslant 2$. 又 $\boldsymbol{B}$ 是非零矩阵，故 $r(\boldsymbol{B}) = 1$ 或 $r(\boldsymbol{B}) = 2$.

当 $k = 0$ 时，

$$\boldsymbol{A} = \begin{pmatrix} 1 & 2 & 0 \\ 1 & 1 & 1 \\ 0 & 2 & 1 \end{pmatrix} \to \begin{pmatrix} 1 & 2 & 0 \\ 0 & -1 & 1 \\ 0 & 2 & 1 \end{pmatrix} \to \begin{pmatrix} 1 & 2 & 0 \\ 0 & -1 & 1 \\ 0 & 0 & 3 \end{pmatrix},$$

故 $r(\boldsymbol{A}) = 3$，从而 $r(\boldsymbol{B}) = 0$，与 $\boldsymbol{B}$ 是非零矩阵矛盾.

当 $k = -3$ 时，

$$\boldsymbol{A} = \begin{pmatrix} 1 & 2 & -3 \\ 1 & -2 & 1 \\ -3 & 2 & 1 \end{pmatrix} \to \begin{pmatrix} 1 & 2 & -3 \\ 0 & -4 & 4 \\ 0 & 8 & -8 \end{pmatrix} \to \begin{pmatrix} 1 & 2 & -3 \\ 0 & -4 & 4 \\ 0 & 0 & 0 \end{pmatrix},$$

故 $r(\boldsymbol{A}) = 2$，从而 $r(\boldsymbol{B}) \leqslant 1$. 又 $\boldsymbol{B}$ 是非零矩阵，故 $r(\boldsymbol{B}) = 1$. 应选 E.

25.【答案】D

【解析】$\boldsymbol{B}$ 是将 $\boldsymbol{A}$ 的第 1 行加到第 2 行以后，再将第 1 列与第 2 列互换所得；$\boldsymbol{P}_1$ 是将单位矩阵 $\boldsymbol{E}$ 的第 1 列与第 2 列互换所得；$\boldsymbol{P}_2$ 是将单位矩阵 $\boldsymbol{E}$ 的第 1 行加到第 2 行所得. 因此，$\boldsymbol{B}=\boldsymbol{P}_2\boldsymbol{A}\boldsymbol{P}_1$. 应选 D.

26.【答案】C

【解析】由 $\boldsymbol{AB}=2\boldsymbol{A}+\boldsymbol{B}$ 得 $(\boldsymbol{A}-\boldsymbol{E})\left(\frac{1}{2}\boldsymbol{B}-\boldsymbol{E}\right)=\boldsymbol{E}$，故 $|\boldsymbol{A}-\boldsymbol{E}|\cdot\left|\frac{1}{2}\boldsymbol{B}-\boldsymbol{E}\right|=|\boldsymbol{E}|=1$.

由于 $\left|\frac{1}{2}\boldsymbol{B}-\boldsymbol{E}\right|=\begin{vmatrix}1&0&1\\0&2&0\\1&0&3\end{vmatrix}=4$，故 $|\boldsymbol{A}-\boldsymbol{E}|=\frac{1}{4}$. 应选 C.

27.【答案】E

【解析】由于 $m\geqslant r(\boldsymbol{A})\geqslant r(\boldsymbol{AB})=r(\boldsymbol{E})=m$，$m\geqslant r(\boldsymbol{B})\geqslant r(\boldsymbol{AB})=r(\boldsymbol{E})=m$，故 $r(\boldsymbol{A})=m$，$r(\boldsymbol{B})=m$. 又 $m<n$，故 $\boldsymbol{A}$ 的行向量组线性无关，列向量组线性相关；$\boldsymbol{B}$ 的行向量组线性相关，列向量组线性无关. 应选 E.

28.【答案】B

【解析】对方程组的增广矩阵作初等行变换，将第 1 行与第 3 行分别乘以 (-1) 后，再将每行加到第 4 行得

$$\left(\begin{array}{cccc:c}1&1&0&0&a_1\\0&1&1&0&a_2\\0&0&1&1&a_3\\1&0&0&1&a_4\end{array}\right)\to\left(\begin{array}{cccc:c}1&1&0&0&a_1\\0&1&1&0&a_2\\0&0&1&1&a_3\\0&0&0&0&\sum\limits_{i=1}^{4}(-1)^i a_i\end{array}\right).$$

故线性方程组 $\boldsymbol{Ax}=\boldsymbol{b}$ 有解的充分必要条件是 $\sum\limits_{i=1}^{4}(-1)^i a_i=0$，即 $a_1-a_2+a_3-a_4=0$. 应选 B.

29.【答案】E

【解析】由 $P(B|A)=1$ 得，$P(A)=P(AB)$，故

$$P(A|\overline{B})=\frac{P(A\overline{B})}{P(\overline{B})}=\frac{P(A)-P(AB)}{P(\overline{B})}=0.$$

应选 E.

30.【答案】C

【解析】由于事件 A,B 相互独立，所以 $P(A+B)=P(A)+P(B)-P(A)P(B)$. 由 $P(A)=0.5$，$P(A+B)=0.8$ 得

$$P(B)=\frac{P(A+B)-P(A)}{1-P(A)}=\frac{0.8-0.5}{0.5}=0.6.$$

故 $P(AB)=P(A)P(B)=0.5\times0.6=0.3$. 应选 C.

31. **【答案】** B

【解析】 由分布函数的性质,得 $\begin{cases}F(+\infty)=1,\\ F[(-2)^-]=F[(-2)^+],\\ F(2^-)=F(2^+),\end{cases}$ 即 $\begin{cases}C=1,\\ A-\frac{\pi}{2}B=0,\\ A+\frac{\pi}{2}B=C,\end{cases}$ 解得 $A=\frac{1}{2},B=\frac{1}{\pi},C=1$. 于是,

$$F(x)=\begin{cases}0, & x<-2,\\ \frac{1}{2}+\frac{1}{\pi}\arcsin\frac{x}{2}, & -2\leqslant x<2,\\ 1, & x\geqslant 2,\end{cases}$$

故 $P\{1<X<3\}=F(3)-F(1)=1-\left(\frac{1}{2}+\frac{1}{6}\right)=\frac{1}{3}$. 应选 B.

32. **【答案】** E

【解析】 因为 $X\sim U[0,2]$,所以 $f_X(x)=\begin{cases}\frac{1}{2}, & 0\leqslant x\leqslant 2,\\ 0, & \text{其他}.\end{cases}$ 于是,

$$P\{X<1\}=\int_{-\infty}^{1}f_X(x)\mathrm{d}x=\int_0^1\frac{1}{2}\mathrm{d}x=\frac{1}{2}.$$

根据题意,$Y\sim B\left(3,\frac{1}{2}\right)$,故

$$P\{Y\geqslant1\}=1-P\{Y<1\}=1-P\{Y=0\}=1-C_3^0\left(\frac{1}{2}\right)^0\left(\frac{1}{2}\right)^3=\frac{7}{8}.$$

应选 E.

33. **【答案】** C

【解析】 由于 X 服从参数为 $\lambda=3$ 的泊松分布,因此 $E(X)=D(X)=3$. 于是,

$$E(Y)=E(2X+2)=2E(X)+2=8, D(Y)=D(2X+2)=4D(X)=12,$$

故 $3E(Y)=2D(Y)$. 应选 C.

34. **【答案】** A

【解析】 设 $X\sim E(\lambda)$,则 X 的概率密度为 $f(x)=\begin{cases}\lambda e^{-\lambda x}, & x>0,\\ 0, & x\leqslant 0,\end{cases}$ 故

$$P\{0\leqslant X\leqslant 1\}=\int_0^1\lambda e^{-\lambda x}\mathrm{d}x=1-e^{-\lambda}=\frac{1}{2},$$

从而$\lambda = \ln 2$. 于是,

$$P\{3 \leqslant X \leqslant 4\} = \int_3^4 \lambda e^{-\lambda x} dx = e^{-3\lambda} - e^{-4\lambda} = e^{-3\ln 2} - e^{-4\ln 2} = \frac{1}{16}.$$

应选 A.

35. **【答案】** D

【解析】 因为随机变量 $X \sim B(4,p)$,故 $E(X) = 4p, D(X) = 4p(1-p)$,从而

$$E(X^2) = D(X) + [E(X)]^2 = 4p(1-p) + (4p)^2 = 12p^2 + 4p.$$

于是,

$$E[(X+1)(X+2)] = E(X^2 + 3X + 2) = E(X^2) + 3E(X) + 2 = 12p^2 + 16p + 2.$$

由 $E[(X+1)(X+2)] = 18$ 得 $12p^2 + 16p + 2 = 18$,即 $3p^2 + 4p - 4 = 0$,故 $p = \frac{2}{3}$.

应选 D.

经济类综合能力数学预测试题(二)解析

1.【答案】A

【解析】令$\lim\limits_{x\to\infty}f(x)=a$,则$f(x)=\dfrac{2x-\sin x}{x+\sin 2x}-a$,令$x\to\infty$,两边取极限得

$$a=\lim_{x\to\infty}\frac{2x-\sin x}{x+\sin 2x}-a=\lim_{x\to\infty}\frac{2-\frac{1}{x}\sin x}{1+\frac{1}{x}\sin 2x}-a=2-a,$$

故$\lim\limits_{x\to\infty}f(x)=a=1$. 于是,$\lim\limits_{x\to0}f(x)=\lim\limits_{x\to0}\dfrac{2x-\sin x}{x+\sin 2x}-1=\lim\limits_{x\to0}\dfrac{2-\frac{\sin x}{x}}{1+\frac{\sin 2x}{x}}-1=-\dfrac{2}{3}$. 应选 A.

2.【答案】D

【解析】当$x\to0$时,

$$\alpha(x)=\tan x-\sin x=\tan x(1-\cos x)\sim\frac{1}{2}x^3,$$

$$\beta(x)=\cos x^2-1\sim-\frac{1}{2}x^4,$$

$$\gamma(x)=\sqrt{\cos x}-1=\sqrt{1+(\cos x-1)}-1\sim\frac{1}{2}(\cos x-1)\sim-\frac{1}{4}x^2,$$

故当$x\to0$时,$\beta(x)$是$\alpha(x)$的高阶无穷小,$\alpha(x)$是$\gamma(x)$的高阶无穷小. 因此,正确的排列次序是$\gamma(x)$,$\alpha(x)$,$\beta(x)$. 应选 D.

3.【答案】D

【解析】取$a_n=1-\dfrac{1}{n+1}$,则$0<a_n<1$,但$\lim\limits_{n\to\infty}a_n^n=\lim\limits_{n\to\infty}\left(1-\dfrac{1}{n+1}\right)^n=e^{-1}\neq0$,故命题①不是真命题. 取$a_n=1+\dfrac{1}{n}$,则$a_n>1$,但$\lim\limits_{n\to\infty}a_n^n=\lim\limits_{n\to\infty}\left(1+\dfrac{1}{n}\right)^n=e\neq+\infty$,故命题②不是真命题. 取$a_n=n$,则$a_n>0$,且$\lim\limits_{n\to\infty}\sqrt[n]{a_n}=\lim\limits_{n\to\infty}\sqrt[n]{n}=\lim\limits_{x\to+\infty}x^{\frac{1}{x}}=e^{\lim\limits_{x\to+\infty}\frac{\ln x}{x}}=e^{\lim\limits_{x\to+\infty}\frac{1}{x}}=e^0=1$,但$\lim\limits_{n\to\infty}a_n=\lim\limits_{n\to\infty}n=+\infty$,故命题③不是真命题. 因此,选项 A,B,C,E 都排除. 事实上,若$a_n>0$,由$\lim\limits_{n\to\infty}a_n=a>0$,即得$\lim\limits_{n\to\infty}\sqrt[n]{a_n}=e^{\lim\limits_{n\to\infty}\frac{1}{n}\ln a_n}=e^0=1$,故命题④为真命题. 应选 D.

4.【答案】C

【解析】函数$f(x)$为初等函数,由初等函数的连续性知,函数$f(x)$在区间$(-2,2)$内的间

断点为 $x=0,\pm 1,\pm\frac{\pi}{2}$. 显然,$x=\pm 1$ 为无穷间断点. 因为

$$\lim_{x\to 0}f(x)=\lim_{x\to 0}\frac{x}{(x^2-1)\tan x}=\lim_{x\to 0}\frac{1}{x^2-1}=-1,$$

$$\lim_{x\to\pm\frac{\pi}{2}}f(x)=\lim_{x\to\pm\frac{\pi}{2}}\frac{x}{(x^2-1)\tan x}=0,$$

所以 $x=0,\pm\frac{\pi}{2}$ 为可去间断点,属于第一类间断点. 因此,函数 $f(x)$ 在区间 $(-2,2)$ 内的第一类间断点的个数为 3. 应选 C.

5.【答案】B

【解析】$f(x)$ 在 $x=1$ 处可导的充分必要条件是 $\lim\limits_{x\to 1}g(x)$ 存在. 证明如下:

必要性. 若 $f(x)$ 在 $x=1$ 处可导,则 $\lim\limits_{x\to 1}\frac{(x^x-1)g(x)}{x-1}=\lim\limits_{x\to 1}\frac{f(x)-f(1)}{x-1}=f'(1)$.

由于 $\lim\limits_{x\to 1}\frac{x^x-1}{x-1}=\lim\limits_{x\to 1}\frac{e^{x\ln x}-1}{x-1}=\lim\limits_{x\to 1}\frac{x\ln x}{x-1}=\lim\limits_{x\to 1}\frac{x\ln(1+x-1)}{x-1}=\lim\limits_{x\to 1}\frac{x(x-1)}{x-1}=1$,

因此

$$\begin{aligned}\lim_{x\to 1}g(x)&=\lim_{x\to 1}\left[\frac{(x^x-1)g(x)}{x-1}\cdot\frac{x-1}{x^x-1}\right]=\lim_{x\to 1}\frac{(x^x-1)g(x)}{x-1}\cdot\lim_{x\to 1}\frac{x-1}{x^x-1}\\&=f'(1)\cdot 1=f'(1),\end{aligned}$$

故 $\lim\limits_{x\to 1}g(x)$ 存在.

充分性. 若 $\lim\limits_{x\to 1}g(x)$ 存在,则

$$\lim_{x\to 1}\frac{f(x)-f(1)}{x-1}=\lim_{x\to 1}\frac{(x^x-1)g(x)}{x-1}=\lim_{x\to 1}\frac{x^x-1}{x-1}\cdot\lim_{x\to 1}g(x)=\lim_{x\to 1}g(x),$$

即 $f'(1)$ 存在,故 $f(x)$ 在 $x=1$ 处可导. 应选 B.

6.【答案】E

【解析】法一:取 $f(x)=|x-a|$,则 $\lim\limits_{x\to 0}\frac{f(a+x)-f(a-x)}{x}=\lim\limits_{x\to 0}\frac{|x|-|-x|}{x}=0$,

但 $f(x)$ 在 $x=a$ 处不可导. 故选项 E 中的命题是错误的. 应选 E.

法二:由于 $f(x)$ 在 $x=a$ 处连续,故若 $\lim\limits_{x\to a}\frac{f(x)}{x-a}$ 存在,则

$$f(a)=\lim_{x\to a}f(x)=\lim_{x\to a}\frac{f(x)}{x-a}(x-a)=\lim_{x\to a}\frac{f(x)}{x-a}\cdot\lim_{x\to a}(x-a)=0,$$

从而 $\lim\limits_{x\to a}\frac{f(x)-f(a)}{x-a}=\lim\limits_{x\to a}\frac{f(x)}{x-a}$ 存在,即 $f'(a)$ 存在. 故选项 A,B 中的命题都是正确的.

若 $\lim\limits_{x\to a}\frac{f(x)}{(x-a)^2}$ 存在,则

$$f(a)=\lim_{x\to a}f(x)=\lim_{x\to a}\frac{f(x)}{(x-a)^2}(x-a)^2=\lim_{x\to a}\frac{f(x)}{(x-a)^2}\cdot\lim_{x\to a}(x-a)^2=0,$$

$$\lim_{x\to a}\frac{f(x)-f(a)}{x-a}=\lim_{x\to a}\frac{f(x)}{(x-a)^2}(x-a)=\lim_{x\to a}\frac{f(x)}{(x-a)^2}\cdot\lim_{x\to a}(x-a)=0,$$

故 $f'(a)=0$. 故选项 C 中的命题是正确的.

若 $\lim\limits_{x\to 0}\dfrac{f(a+x)+f(a-x)}{x}$ 存在,则

$$f(a)=\frac{1}{2}\lim_{x\to 0}[f(a+x)+f(a-x)]=\frac{1}{2}\lim_{x\to 0}\frac{f(a+x)+f(a-x)}{x}\cdot\lim_{x\to 0}x=0,$$

故选项 D 中的命题是正确的. 因此,选项 A,B,C,D 均为正确命题. 应选 E.

7.【答案】C

【解析】由于 $f(x)=\dfrac{2x-1}{2x+1}=1-\dfrac{2}{2x+1}$,故 $f^{(n)}(x)=-2\cdot 2^n\cdot\dfrac{(-1)^n n!}{(2x+1)^{n+1}}=\dfrac{(-2)^{n+1}n!}{(2x+1)^{n+1}}$,从而 $f^{(n)}(1)=\dfrac{(-2)^{n+1}n!}{3^{n+1}}$. 应选 C.

8.【答案】C

【解析】不妨设 $f'(a)>0,f'(b)>0$. 由于 $f(a)=f(b)=0$,故

$$f'(a)=\lim_{x\to a}\frac{f(x)-f(a)}{x-a}=\lim_{x\to a}\frac{f(x)}{x-a}>0,$$

$$f'(b)=\lim_{x\to b}\frac{f(x)-f(b)}{x-b}=\lim_{x\to b}\frac{f(x)}{x-b}>0.$$

根据函数极限的局部保号性,存在 $x_1\in\left(a,\dfrac{a+b}{2}\right)$,$x_2\in\left(\dfrac{a+b}{2},b\right)$,使得 $f(x_1)>0$,$f(x_2)<0$. 根据零点定理,存在 $c\in(x_1,x_2)$,使得 $f(c)=0$. 又 $f(a)=f(b)=0$,由罗尔定理可知,方程 $f'(x)=0$ 在 (a,c) 与 (c,b) 内分别至少有一个实根,即方程 $f'(x)=0$ 在 (a,b) 内至少有两个实根. 应选 C.

9.【答案】E

【解析】$y'=5ax^4+4bx^3$,$y''=20ax^3+12bx^2=4x^2(5ax+3b)$. 由题设 $\begin{cases}y(1)=-2,\\ y''(1)=0,\end{cases}$ 即 $\begin{cases}a+b=-2,\\ 5a+3b=0,\end{cases}$ 解得 $\begin{cases}a=3,\\ b=-5.\end{cases}$ 曲线在拐点 $(1,-2)$ 处的切线斜率为 $k=y'|_{x=1}=5a+4b=-5$,于是,所求切线方程为 $5x+y-3=0$. 应选 E.

10.【答案】E

【解析】$f'(x)=12x^3-48x^2+36x=12x(x-1)(x-3)$. 令 $f'(x)=0$ 得 $f(x)$ 的 3 个驻点:$x=0,x=1,x=3$. 但 $3\notin[-1,2]$,不考虑. 由于 $f(0)=0,f(1)=5$,$f(-1)=37,f(2)=-8$,因此 $f(x)$ 在 $[-1,2]$ 上的最大值为 $M=37$,最小值为 $m=-8$,故 $M+m=29$. 应选 E.

11.【答案】E

【解析】 $$\lim_{n\to\infty}x_n=\lim_{n\to\infty}n^2\sum_{i=1}^{n}\frac{i}{n^4+i^4}=\lim_{n\to\infty}\frac{1}{n}\sum_{i=1}^{n}\frac{\frac{i}{n}}{1+\left(\frac{i}{n}\right)^4}=\int_0^1\frac{x}{1+x^4}\mathrm{d}x$$

$$=\frac{1}{2}\int_0^1\frac{1}{1+(x^2)^2}\mathrm{d}(x^2)=\frac{1}{2}\arctan x^2\Big|_0^1=\frac{\pi}{8}.$$

应选 E.

12. **【答案】** E

【解析】 令 $t+x=u$,则 $F(x)=\int_0^x f(t+x)\mathrm{d}t=\int_x^{2x}f(u)\mathrm{d}u$,故 $F'(x)=2f(2x)-f(x)$.

应选 E.

13. **【答案】** B

【解析】 令 $x=\frac{1}{t}$,则

$$I_\lambda=\int_{\frac{1}{\sqrt{3}}}^{\sqrt{3}}\frac{1}{(1+x^\lambda)(1+x^2)}\mathrm{d}x=\int_{\sqrt{3}}^{\frac{1}{\sqrt{3}}}\frac{1}{\left(1+\frac{1}{t^\lambda}\right)\left(1+\frac{1}{t^2}\right)}\left(-\frac{1}{t^2}\right)\mathrm{d}t=\int_{\frac{1}{\sqrt{3}}}^{\sqrt{3}}\frac{t^\lambda}{(1+t^\lambda)(1+t^2)}\mathrm{d}t$$

$$=\int_{\frac{1}{\sqrt{3}}}^{\sqrt{3}}\frac{1+t^\lambda-1}{(1+t^\lambda)(1+t^2)}\mathrm{d}t=\int_{\frac{1}{\sqrt{3}}}^{\sqrt{3}}\frac{1}{1+t^2}\mathrm{d}t-\int_{\frac{1}{\sqrt{3}}}^{\sqrt{3}}\frac{1}{(1+x^\lambda)(1+x^2)}\mathrm{d}x$$

$$=\arctan t\Big|_{\frac{1}{\sqrt{3}}}^{\sqrt{3}}-I_\lambda=\frac{\pi}{6}-I_\lambda,$$

故 $I_\lambda=\frac{\pi}{12}$. 应选 B.

14. **【答案】** A

【解析】 因为当 $0<x<\frac{\pi}{4}$ 时,$0<\sin x<\cos x$,所以

$$0<\ln(1+\sin x)<\ln(1+\cos x)<\cos x,$$

从而

$$\int_0^{\frac{\pi}{4}}\ln(1+\sin x)\mathrm{d}x<\int_0^{\frac{\pi}{4}}\ln(1+\cos x)\mathrm{d}x<\int_0^{\frac{\pi}{4}}\cos x\mathrm{d}x=\frac{\sqrt{2}}{2},$$

即 $I_1<I_2<\frac{\sqrt{2}}{2}$. 应选 A.

15. **【答案】** C

【解析】 曲线 $y=x^3$ 与直线 $y=kx$ 的交点坐标为$(0,0)$,$(\sqrt{k},k\sqrt{k})$,$(-\sqrt{k},-k\sqrt{k})$. 由曲线 $y=x^3$ 与直线 $y=kx$ 所围的平面图形关于原点中心对称,其面积为

$$A=2\int_0^{\sqrt{k}}(kx-x^3)\mathrm{d}x=\frac{1}{2}k^2.$$

由题设得$\frac{1}{2}k^2=1$,故 $k=\sqrt{2}$. 应选 C.

16. **【答案】** E

【解析】 曲线 $y=k\sin x(0\leqslant x\leqslant\pi)$ 与直线 $y=0$ 的交点坐标为$(0,0)$ 和$(\pi,0)$. D 绕 x,y 轴旋转一周所形成的旋转体的体积分别为

$$V_x=\pi\int_0^{\pi}(k\sin x)^2\mathrm{d}x=\frac{1}{2}\pi k^2\int_0^{\pi}(1-\cos 2x)\mathrm{d}x=\frac{1}{2}\pi k^2\left(x-\frac{1}{2}\sin 2x\right)\Big|_0^{\pi}=\frac{1}{2}\pi^2k^2,$$

$$V_y=2\pi\int_0^{\pi}xk\sin x\mathrm{d}x=-2\pi k\int_0^{\pi}x\mathrm{d}(\cos x)=-2\pi k(x\cos x)\Big|_0^{\pi}+2\pi k\int_0^{\pi}\cos x\mathrm{d}x=2\pi^2k.$$

由 $V_x=V_y$ 得 $k=4$. 应选 E.

17. **【答案】** A

【解析】 $z=\ln(2x)-\frac{x^2}{y}=\ln 2+\ln x-\frac{x^2}{y}$，则 $\frac{\partial z}{\partial x}=\frac{1}{x}-\frac{2x}{y}$，$\frac{\partial z}{\partial y}=\frac{x^2}{y^2}$. 故

$$\mathrm{d}z\big|_{(2,4)}=\frac{\partial z}{\partial x}\Big|_{(2,4)}\mathrm{d}x+\frac{\partial z}{\partial y}\Big|_{(2,4)}\mathrm{d}y=-\frac{1}{2}\mathrm{d}x+\frac{1}{4}\mathrm{d}y.$$

应选 A.

18. **【答案】** B

【解析】 $\frac{\partial z}{\partial x}=f'\left(\arcsin\sqrt{\frac{x}{y}}\right)\cdot\frac{1}{\sqrt{1-\frac{x}{y}}}\cdot\frac{1}{2\sqrt{\frac{x}{y}}}\cdot\frac{1}{y}=\frac{1}{2\sqrt{xy-x^2}}f'\left(\arcsin\sqrt{\frac{x}{y}}\right)$,

$$\frac{\partial z}{\partial y}=f'\left(\arcsin\sqrt{\frac{x}{y}}\right)\cdot\frac{1}{\sqrt{1-\frac{x}{y}}}\cdot\frac{1}{2\sqrt{\frac{x}{y}}}\cdot\left(-\frac{x}{y^2}\right)=\frac{-x}{2y\sqrt{xy-x^2}}f'\left(\arcsin\sqrt{\frac{x}{y}}\right).$$

故

$$x\frac{\partial z}{\partial x}+y\frac{\partial z}{\partial y}=x\cdot\frac{1}{2\sqrt{xy-x^2}}f'\left(\arcsin\sqrt{\frac{x}{y}}\right)+y\cdot\frac{-x}{2y\sqrt{xy-x^2}}f'\left(\arcsin\sqrt{\frac{x}{y}}\right)=0.$$

应选 B.

19. **【答案】** B

【解析】 等式 $f(x,2x)=29x^4$ 两边对 x 求导得 $f'_x(x,2x)+2f'_y(x,2x)=116x^3$. 将 $f'_x(x,2x)=43x^3$ 代入上式得 $f'_y(x,2x)=\frac{73}{2}x^3$. 再由 $\begin{cases}f'_x(x,2x)=43x^3,\\ f'_y(x,2x)=\frac{73}{2}x^3\end{cases}$ 两边对 x 求导得

$$\begin{cases}f''_{xx}(x,2x)+2f''_{xy}(x,2x)=129x^2,\\ f''_{yx}(x,2x)+2f''_{yy}(x,2x)=\frac{219}{2}x^2.\end{cases}\qquad ①$$

由于 $f''_{xx}(x,2x)=f''_{yy}(x,2x)$，$f''_{xy}(x,2x)=f''_{yx}(x,2x)$，故方程组 ① 等价于

$$\begin{cases}f''_{yy}(x,2x)+2f''_{xy}(x,2x)=129x^2,\\ 2f''_{yy}(x,2x)+f''_{xy}(x,2x)=\frac{219}{2}x^2.\end{cases}\qquad ②$$

由方程组 ② 解得 $f''_{yy}(x,2x)=30x^2$. 应选 B.

20.【答案】D

【解析】令 $F(x,y,z)=\Phi\left(\frac{x}{z},\frac{y}{z}\right)$,则

$$F'_x=\frac{1}{z}\Phi'_u,F'_y=\frac{1}{z}\Phi'_v,F'_z=-\frac{x}{z^2}\Phi'_u-\frac{y}{z^2}\Phi'_v.$$

于是,

$$\frac{\partial z}{\partial x}=-\frac{F'_x}{F'_z}=-\frac{\frac{1}{z}\Phi'_u}{-\frac{x}{z^2}\Phi'_u-\frac{y}{z^2}\Phi'_v}=\frac{z\Phi'_u}{x\Phi'_u+y\Phi'_v},$$

$$\frac{\partial z}{\partial y}=-\frac{F'_y}{F'_z}=-\frac{\frac{1}{z}\Phi'_v}{-\frac{x}{z^2}\Phi'_u-\frac{y}{z^2}\Phi'_v}=\frac{z\Phi'_v}{x\Phi'_u+y\Phi'_v},$$

故 $x\frac{\partial z}{\partial x}+y\frac{\partial z}{\partial y}=\frac{xz\Phi'_u}{x\Phi'_u+y\Phi'_v}+\frac{yz\Phi'_v}{x\Phi'_u+y\Phi'_v}=z$. 应选 D.

21.【答案】B

【解析】$f'_x(x,y)=4x^3-4y,f'_y(x,y)=4y^3-4x,f''_{xx}(x,y)=12x^2,f''_{xy}(x,y)=-4,f''_{yy}(x,y)=12y^2$. 由 $\begin{cases}f'_x(x,y)=0,\\ f'_y(x,y)=0\end{cases}$ 解得函数 $f(x,y)$ 的驻点:(0,0),(1,1) 与(−1,−1).

在驻点(0,0) 处,

$$A=f''_{xx}(0,0)=0,B=f''_{xy}(0,0)=-4,C=f''_{yy}(0,0)=0,$$

因为 $AC-B^2=-16<0$,所以 $f(0,0)$ 不是极值.

在驻点(1,1) 与(−1,−1) 处,

$$A=f''_{xx}(\pm1,\pm1)=12,B=f''_{xy}(\pm1,\pm1)=-4,C=f''_{yy}(\pm1,\pm1)=12,$$

因为 $AC-B^2=128>0$,且 $A>0$,所以 $f(1,1)$ 与 $f(-1,-1)$ 都是极小值. 应选 B.

22.【答案】D

【解析】对行列式进行行列变换得

$$\begin{vmatrix}a&b&c&d\\b&0&0&c\\c&0&0&b\\d&c&b&a\end{vmatrix}=\begin{vmatrix}b&c&d&a\\c&b&a&d\\0&0&b&c\\0&0&c&b\end{vmatrix},$$

则根据拉普拉斯定理有

$$\begin{vmatrix}b&c&d&a\\c&b&a&d\\0&0&b&c\\0&0&c&b\end{vmatrix}=\begin{vmatrix}b&c\\c&b\end{vmatrix}\begin{vmatrix}b&c\\c&b\end{vmatrix}=(b^2-c^2)^2.$$

应选 D.

23.【答案】B

【解析】
$$D=\begin{vmatrix}1&1&1&1\\1&2&0&0\\1&0&3&0\\1&0&0&4\end{vmatrix}\xlongequal{c_1+\sum_{j=2}^{4}c_j\cdot\left(-\frac{1}{j}\right)}\begin{vmatrix}-\frac{1}{12}&1&1&1\\0&2&0&0\\0&0&3&0\\0&0&0&4\end{vmatrix}=-2.$$

D 的所有元素的代数余子式之和为

$$\begin{aligned}\sum_{i=1}^{4}\sum_{j=1}^{4}A_{ij}&=\sum_{j=1}^{4}A_{1j}+\sum_{j=1}^{4}A_{2j}+\sum_{j=1}^{4}A_{3j}+\sum_{j=1}^{4}A_{4j}\\&=\sum_{j=1}^{4}1\,A_{1j}+\sum_{j=1}^{4}1\,A_{2j}+\sum_{j=1}^{4}1\,A_{3j}+\sum_{j=1}^{4}1\,A_{4j}\\&=D+0+0+0=D=-2.\end{aligned}$$

应选 B.

24.【答案】A

【解析】对矩阵 $\boldsymbol{A}$ 作初等行变换，将其化为阶梯形：

$$\boldsymbol{A}=\begin{pmatrix}1&1&1&a\\1&1&a&1\\1&a&1&1\\a&1&1&1\end{pmatrix}\to\begin{pmatrix}1&1&1&a\\0&0&a-1&1-a\\0&a-1&0&1-a\\0&1-a&1-a&1-a^2\end{pmatrix}\to\begin{pmatrix}1&1&1&a\\0&0&a-1&1-a\\0&a-1&0&1-a\\0&0&1-a&2-a-a^2\end{pmatrix}$$

$$\to\begin{pmatrix}1&1&1&a\\0&a-1&0&1-a\\0&0&a-1&1-a\\0&0&0&-(a-1)(a+3)\end{pmatrix}.$$

由 $r(\boldsymbol{A}^*)=1\Leftrightarrow r(\boldsymbol{A})=3$，故 $a=-3$. 应选 A.

25.【答案】D

【解析】由 $\boldsymbol{A}+\boldsymbol{B}=\boldsymbol{AB}$ 得，$(\boldsymbol{A}-\boldsymbol{E})(\boldsymbol{B}-\boldsymbol{E})=\boldsymbol{E}$，所以 $\boldsymbol{A}-\boldsymbol{E}$ 可逆. 应选 D.

26.【答案】A

【解析】记 $\boldsymbol{P}_1=\begin{pmatrix}1&0&0\\1&1&0\\0&0&1\end{pmatrix}$，$\boldsymbol{P}_2=\begin{pmatrix}1&0&0\\0&0&1\\0&1&0\end{pmatrix}$，则由题设知 $\boldsymbol{AP}_1=\boldsymbol{B}$，$\boldsymbol{P}_2\boldsymbol{B}=\boldsymbol{E}$，故 $\boldsymbol{P}_2\boldsymbol{AP}_1=\boldsymbol{E}$. 于是，$\boldsymbol{A}=\boldsymbol{P}_2^{-1}\boldsymbol{P}_1^{-1}$，从而

$$\boldsymbol{A}^{-1}=\boldsymbol{P}_1\boldsymbol{P}_2=\begin{pmatrix}1&0&0\\1&1&0\\0&0&1\end{pmatrix}\begin{pmatrix}1&0&0\\0&0&1\\0&1&0\end{pmatrix}=\begin{pmatrix}1&0&0\\1&0&1\\0&1&0\end{pmatrix}.$$

应选 A.

27.【答案】A

【解析】由 $\boldsymbol{\alpha}_1,\boldsymbol{\alpha}_2,\boldsymbol{\alpha}_3$ 线性无关知，$r(\boldsymbol{A}^{\mathrm{T}})=r(\boldsymbol{A})=3$，又 $\boldsymbol{\alpha}_1,\boldsymbol{\alpha}_2,\boldsymbol{\alpha}_3$ 为 4 维列向量组，故齐次线性方程组 $\boldsymbol{A}^{\mathrm{T}}\boldsymbol{x}=\boldsymbol{0}$ 的基础解系只含一个解向量. 由于 $\boldsymbol{A}^{\mathrm{T}}\boldsymbol{\beta}_i=\boldsymbol{0}(i=1,2)$，故 $\boldsymbol{\beta}_1,\boldsymbol{\beta}_2$ 都是方程组 $\boldsymbol{A}^{\mathrm{T}}\boldsymbol{x}=\boldsymbol{0}$ 的解，从而 $\boldsymbol{\beta}_1,\boldsymbol{\beta}_2$ 线性相关. 应选 A.

28.【答案】C

【解析】令 $\boldsymbol{A}=(\boldsymbol{\alpha}_1,\boldsymbol{\alpha}_2,\boldsymbol{\alpha}_3)$，则由题设知，

$$(\boldsymbol{\alpha}_1,\boldsymbol{\alpha}_2,\boldsymbol{\alpha}_3)\begin{pmatrix}2\\1\\0\end{pmatrix}=\boldsymbol{0},(\boldsymbol{\alpha}_1,\boldsymbol{\alpha}_2,\boldsymbol{\alpha}_3)\begin{pmatrix}1\\0\\1\end{pmatrix}=\boldsymbol{0},(\boldsymbol{\alpha}_1,\boldsymbol{\alpha}_2,\boldsymbol{\alpha}_3)\begin{pmatrix}1\\1\\1\end{pmatrix}=\boldsymbol{b},$$

于是，$\begin{cases}2\boldsymbol{\alpha}_1+\boldsymbol{\alpha}_2=\boldsymbol{0},\\ \boldsymbol{\alpha}_1+\boldsymbol{\alpha}_3=\boldsymbol{0},\\ \boldsymbol{\alpha}_1+\boldsymbol{\alpha}_2+\boldsymbol{\alpha}_3=\boldsymbol{b},\end{cases}$ 故 $\boldsymbol{\alpha}_1=-\dfrac{1}{2}\boldsymbol{b}=\begin{pmatrix}-1\\-1\\-1\end{pmatrix}$. 应选 C.

29.【答案】D

【解析】由 A,B 互不相容得 $P(AB)=0$，故 $P(\overline{A}\cup\overline{B})=P(\overline{AB})=1-P(AB)=1$. 应选 D.

30.【答案】D

【解析】由于

$$\begin{aligned}P(A+B)&=P(A)+P(B)-P(AB)\\&=P(B)+P(A)-P(AB)=P(B)+P(A-B),\end{aligned}$$

故

$$P(B)=P(A+B)-P(A-B)=0.9-0.1=0.8.$$

又由 $P(A-B)=P(A)-P(AB)$ 得

$$P(AB)=P(A)-P(A-B)=0.5-0.1=0.4,$$

故 $P(A|B)=\dfrac{P(AB)}{P(B)}=\dfrac{0.4}{0.8}=0.5$. 应选 D.

31.【答案】C

【解析】由分布函数的性质，得 $\begin{cases}F(-\infty)=0,\\F(+\infty)=1,\end{cases}$ 即 $\begin{cases}A-\dfrac{\pi}{2}B=0,\\A+\dfrac{\pi}{2}B=1,\end{cases}$ 解得 $\begin{cases}A=\dfrac{1}{2},\\B=\dfrac{1}{\pi}.\end{cases}$ 于是，

$F(x)=\dfrac{1}{2}+\dfrac{1}{\pi}\arctan x$，从而 $P\{|X|\leqslant 1\}=F(1)-F(-1)=\dfrac{1}{2}+\dfrac{1}{4}-\left(\dfrac{1}{2}-\dfrac{1}{4}\right)=\dfrac{1}{2}$.

应选 C.

32.【答案】D

【解析】由于随机变量 X 服从正态分布，故可设 X 的概率密度为 $f(x)=\dfrac{1}{\sqrt{2\pi}\sigma}\mathrm{e}^{-\frac{(x-\mu)^2}{2\sigma^2}}$，

从而 $f'(x)=-\frac{x-\mu}{\sqrt{2\pi}\sigma^3}e^{-\frac{(x-\mu)^2}{2\sigma^2}}$，故 $f(x)$ 的驻点为 $x=\mu$. 由题设知 $\mu=1$. 又由 $f(1)=1$，得 $\sigma=\frac{1}{\sqrt{2\pi}}$. 因此，$X\sim N\left(1,\frac{1}{2\pi}\right)$. 应选 D.

33.【答案】E

【解析】由概率密度的性质，有

$$\int_{-\infty}^{+\infty}f(x)\mathrm{d}x=\int_0^1 x\mathrm{d}x+\int_1^2(a-x)\mathrm{d}x=a-1=1,$$

故 $a=2$. 于是，$P\left\{\frac{1}{2}\leqslant X<\frac{3}{2}\right\}=\int_{\frac{1}{2}}^1 x\mathrm{d}x+\int_1^{\frac{3}{2}}(2-x)\mathrm{d}x=\frac{3}{4}$. 应选 E.

34.【答案】B

【解析】因为 $X\sim U[0,4]$，故 X 的概率密度为 $f(x)=\begin{cases}\frac{1}{4}, & 0\leqslant x\leqslant 4,\\ 0, & \text{其他.}\end{cases}$ 随机变量 Y 的可能取值为 $-4,1,2$. Y 的概率分布为

$$P\{Y=-4\}=P\{X<1\}=\int_0^1\frac{1}{4}\mathrm{d}x=\frac{1}{4},$$

$$P\{Y=1\}=P\{1\leqslant X\leqslant 3\}=\int_1^3\frac{1}{4}\mathrm{d}x=\frac{1}{2},$$

$$P\{Y=2\}=P\{X>3\}=\int_3^4\frac{1}{4}\mathrm{d}x=\frac{1}{4},$$

于是，$E(Y)=(-4)\times\frac{1}{4}+1\times\frac{1}{2}+2\times\frac{1}{4}=0$. 应选 B.

35.【答案】C

【解析】因为 $X\sim P(\lambda)$，所以 $E(X)=D(X)=\lambda$，从而 $E(X^2)=[E(X)]^2+D(X)=\lambda^2+\lambda$.

于是，

$$\begin{aligned}E[(X-1)(X-2)]&=E(X^2-3X+2)=E(X^2)-3E(X)+2\\&=\lambda^2+\lambda-3\lambda+2=\lambda^2-2\lambda+2.\end{aligned}$$

由 $E[(X-1)(X-2)]=2$，得 $\lambda^2-2\lambda=0$，故 $\lambda=2$，从而 $D(X)=\lambda=2$. 应选 C.

经济类综合能力数学预测试题(三)解析

1.【答案】A

【解析】 $\lim\limits_{x\to 0}f(x)=\lim\limits_{x\to 0}\dfrac{\sin x}{x}+\lim\limits_{x\to 0}x\sin\dfrac{2}{x}+\lim\limits_{x\to 0}x\arcsin\dfrac{3}{x}=1+0+0=1$,

$$\lim_{x\to\infty}f(x)=\lim_{x\to\infty}\frac{\sin x}{x}+\lim_{x\to\infty}x\sin\frac{2}{x}+\lim_{x\to\infty}x\arcsin\frac{3}{x}$$

$$=\lim_{x\to\infty}\frac{1}{x}\sin x+\lim_{x\to\infty}x\frac{2}{x}+\lim_{x\to\infty}x\frac{3}{x}=0+2+3=5.$$

应选 A.

2.【答案】C

【解析】 $\lim\limits_{x\to+\infty}\left[\sqrt{(x+a)(x+b)}-x\right]=\lim\limits_{x\to+\infty}\dfrac{(a+b)x+ab}{\sqrt{(x+a)(x+b)}+x}$

$$=\lim_{x\to+\infty}\frac{a+b+\dfrac{ab}{x}}{\sqrt{(1+\dfrac{a}{x})(1+\dfrac{b}{x})}+1}=\frac{a+b}{2}.$$

应选 C.

3.【答案】C

【解析】因为

$$\lim_{x\to 0^+}\frac{(\arctan\sqrt{x})^2-x}{x^k}=\lim_{x\to 0^+}\frac{(\arctan\sqrt{x})^2-(\sqrt{x})^2}{x^k}$$

$$=\lim_{x\to 0^+}\frac{\arctan\sqrt{x}-\sqrt{x}}{x^{k-\frac{1}{2}}}\cdot\lim_{x\to 0^+}\frac{\arctan\sqrt{x}+\sqrt{x}}{\sqrt{x}}$$

$$=\lim_{x\to 0^+}\frac{\dfrac{1}{1+x}-1}{(2k-1)x^{k-1}}\cdot\lim_{x\to 0^+}\left[\frac{\arctan\sqrt{x}}{\sqrt{x}}+1\right]$$

$$=2\lim_{x\to 0^+}\frac{-x}{(2k-1)(1+x)x^{k-1}},$$

当且仅当 $k=2$ 时，$\lim\limits_{x\to 0^+}\dfrac{(\arctan\sqrt{x})^2-x}{x^k}$ 存在且不为零，即当 $x\to 0^+$ 时，$(\arctan\sqrt{x})^2-x$ 与 x^2 是同阶无穷小. 应选 C.

4.【答案】A

【解析】因为 $\dfrac{y}{x}=\lim\limits_{x\to\infty}\dfrac{x-1}{x}\mathrm{e}^{-\frac{1}{x}}=1$，且

$$\lim_{x\to\infty}(y-x)=\lim_{x\to\infty}[(x-1)e^{-\frac{1}{x}}-x]=\lim_{x\to\infty}x(e^{-\frac{1}{x}}-1)-\lim_{x\to\infty}e^{-\frac{1}{x}}$$

$$=\lim_{x\to\infty}x\left(-\frac{1}{x}\right)-1=-2,$$

所以曲线 $y=(x-1)e^{-\frac{1}{x}}$ 的斜渐近线方程为 $y=x-2$. 应选 A.

5. **【答案】** B

【解析】 $$\lim_{x\to0^-}f(x)=\lim_{x\to0^-}e^{\frac{\alpha}{x}}=\begin{cases}+\infty, & \alpha<0,\\ 1, & \alpha=0,\\ 0, & \alpha>0.\end{cases}$$

$$\lim_{x\to0^+}f(x)=\lim_{x\to0^+}x^{\alpha}\sin x=\lim_{x\to0^+}x^{\alpha+1}=\begin{cases}+\infty, & \alpha<-1,\\ 1, & \alpha=-1,\\ 0, & \alpha>-1.\end{cases}$$

若 $x=0$ 是函数 $f(x)$ 的第二类间断点,则 $\lim\limits_{x\to0^-}f(x)$ 与 $\lim\limits_{x\to0^+}f(x)$ 至少有一个不存在,故 $\alpha<0$. 应选 B.

6. **【答案】** C

【解析】 因为 $f'(x)=\varphi'\left(\frac{1-x}{1+x}\right)\cdot\left(\frac{1-x}{1+x}\right)'=\frac{-2}{(1+x)^2}\varphi'\left(\frac{1-x}{1+x}\right)$,所以

$$f'(0)=\left[\frac{-2}{(1+x)^2}\varphi'\left(\frac{1-x}{1+x}\right)\right]\bigg|_{x=0}=-2\varphi'(1).$$

由 $f'(0)=1$,则 $\varphi'(1)=-\frac{1}{2}$. 应选 C.

7. **【答案】** D

【解析】 在原方程两边对 x 求导,得 $3-2y-2xy'+e^{y}y'=0$,从而

$$y'=\frac{3-2y}{2x-e^{y}},y'\bigg|_{\substack{x=0\\y=0}}=\frac{3-2y}{2x-e^{y}}\bigg|_{\substack{x=0\\y=0}}=-3.$$

故曲线 $3x-2xy+e^{y}=1$ 在点(0,0)处的切线方程为 $3x+y=0$. 应选 D.

8. **【答案】** E

【解析】 由于

$$\lim_{x\to0^-}\frac{F(x)-F(0)}{x-0}=\lim_{x\to0^-}\frac{f(x)(1-\sqrt{1-x})}{x}=\lim_{x\to0^-}\frac{f(x)\cdot\frac{1}{2}x}{x}=\frac{1}{2}\lim_{x\to0^-}f(x),$$

$$\lim_{x\to0^+}\frac{F(x)-F(0)}{x-0}=\lim_{x\to0^+}\frac{f(x)(1-\sqrt{1+x})}{x}=\lim_{x\to0^+}\frac{f(x)\cdot\left(-\frac{1}{2}x\right)}{x}=-\frac{1}{2}\lim_{x\to0^+}f(x),$$

故函数 $F(x)$ 在 $x=0$ 处可导的充分必要条件是 $\lim\limits_{x\to0^-}f(x)$ 与 $\lim\limits_{x\to0^+}f(x)$ 都存在且 $\lim\limits_{x\to0^-}f(x)=-\lim\limits_{x\to0^+}f(x)$. 应选 E.

9. **【答案】** E

【解析】 $f'(x)=3x^2-12x+9=3(x-1)(x-3)$,$f''(x)=6x-12=6(x-2)$.

由于在区间(1,3)内，$f'(x)<0$，$f''(x)$ 有零点 $x=2$，且在 $x=2$ 的两侧 $f''(x)$ 异号，所以在区间(1,3)内，函数 $f(x)$ 单调减少且其图形有拐点. 应选 E.

10. **【答案】** D

【解析】 由题设，对任意 $x\in(-\infty,+\infty)$，函数 $f(x)$ 在闭区间 $[x,x+1]$ 上满足拉格朗日中值定理条件，故存在 $\xi\in(x,x+1)$，使得 $f(x+1)-f(x)=f'(\xi)$. 由于 $f''(x)<0$，故 $f'(x)$ 单调减少. 注意到 $x<\xi<x+1$，故有 $f'(x+1)<f'(\xi)<f'(x)$，从而 $f'(x+1)<f(x+1)-f(x)<f'(x)$. 应选 D.

11. **【答案】** E

【解析】 当 $x<0$ 时，$\int e^{2|x|}dx=\int e^{-2x}dx=-\frac{1}{2}e^{-2x}+C$；

当 $x\geqslant 0$ 时，$\int e^{2|x|}dx=\int e^{2x}dx=\frac{1}{2}e^{2x}+C_0$.

由于原函数一定连续，故 $-\frac{1}{2}+C=\frac{1}{2}+C_0$，即 $C_0=-1+C$. 于是，

$$\int e^{2|x|}dx=\begin{cases}-\frac{1}{2}e^{-2x}+C, & x<0,\\ \frac{1}{2}e^{2x}-1+C, & x\geqslant 0.\end{cases}$$

应选 E.

12. **【答案】** A

【解析】 由题设得，$f(x)=[\ln(1-2x)]'=\frac{-2}{1-2x}=\frac{2}{2x-1}$. 于是，

$$\int xf'(x)dx=\int xd[f(x)]=xf(x)-\int f(x)dx=\frac{2x}{2x-1}-\ln(1-2x)+C.$$

应选 A.

13. **【答案】** C

【解析】 令 $x=\frac{1}{t}$，则

$$\int_{\frac{1}{2}}^{2}xf\left(x+\frac{1}{x}\right)dx=-\int_{2}^{\frac{1}{2}}\frac{1}{t^3}f\left(\frac{1}{t}+t\right)dt=\int_{\frac{1}{2}}^{2}\frac{1}{t^3}f\left(t+\frac{1}{t}\right)dt=\int_{\frac{1}{2}}^{2}\frac{1}{x^3}f\left(x+\frac{1}{x}\right)dx.$$

故 $a=\frac{1}{2},b=2,k=3$. 应选 C.

14. **【答案】** E

【解析】 令 $I_1=\int_0^1\frac{1}{x^p}dx,I_2=\int_1^{+\infty}\frac{1}{x^p}dx$，则

当 $0<p<1$ 时，$I_2=\lim\limits_{t\to+\infty}\int_1^t\frac{1}{x^p}dx=\lim\limits_{t\to+\infty}\frac{x^{1-p}}{1-p}\Big|_1^t=\lim\limits_{t\to+\infty}\left(\frac{t^{1-p}}{1-p}-\frac{1}{1-p}\right)=+\infty$，此时 I_2 发散；

当 $p>1$ 时，$I_1=\lim\limits_{t\to0^+}\int_t^1\frac{1}{x^p}\mathrm{d}x=\lim\limits_{t\to0^+}\frac{x^{1-p}}{1-p}\Big|_t^1=\lim\limits_{t\to0^+}\left(\frac{1}{1-p}-\frac{t^{1-p}}{1-p}\right)=+\infty$，此时 I_1 发散；

当 $p=1$ 时，$I_1=\lim\limits_{t\to0^+}\int_t^1\frac{1}{x}\mathrm{d}x=\lim\limits_{t\to0^+}\ln x\Big|_t^1=\lim\limits_{t\to0^+}(-\ln t)=+\infty$，此时 I_1 发散.

于是，对 $p>0$ 的任意取值，反常积分 I_1 与 I_2 至少有一个发散，从而对 $p>0$ 的任意取值，反常积分 $I=\int_0^{+\infty}\frac{1}{x^p}\mathrm{d}x$ 均不收敛. 应选 E.

15. **【答案】** D

【解析】 曲线 $x=\sqrt{4-y}$ 与直线 $x=1,x=3$ 及 x 轴所围平面图形的面积为

$$A=\int_1^2(4-x^2)\mathrm{d}x+\int_2^3(x^2-4)\mathrm{d}x=\int_1^3|4-x^2|\mathrm{d}x.$$

应选 D.

16. **【答案】** D

【解析】 曲线 $y=x^2$ 与直线 $y=ax$ 的交点坐标为 $(0,0)$ 与 (a,a). D 绕 x 轴与 y 轴旋转一周所形成的旋转体的体积分别为

$$V_x=\pi\int_0^a[(ax)^2-(x^2)^2]\mathrm{d}x=\pi\int_0^a(a^2x^2-x^4)\mathrm{d}x=\frac{2a^5}{15}\pi,$$

$$V_y=2\pi\int_0^a x(ax-x^2)\mathrm{d}x=2\pi\int_0^a(ax^2-x^3)\mathrm{d}x=\frac{a^4}{6}\pi.$$

由 $V_x=V_y$，得 $a=\frac{5}{4}$. 应选 D.

17. **【答案】** C

【解析】 由于 $\lim\limits_{\substack{x\to0\\y=kx}}f(x,y)=\lim\limits_{\substack{x\to0\\y=kx}}\frac{xy}{\sqrt{x^4+y^4}}=\lim\limits_{x\to0}\frac{kx^2}{\sqrt{x^4+k^4x^4}}=\frac{k}{\sqrt{1+k^4}}$，极限值与 k 有关，故 $\lim\limits_{(x,y)\to(0,0)}f(x,y)$ 不存在，从而 $f(x,y)$ 在点 $(0,0)$ 处不连续.

因为 $\lim\limits_{x\to0}\frac{f(x,0)-f(0,0)}{x-0}=\lim\limits_{x\to0}\frac{0-0}{x}=0$，所以偏导数 $f'_x(0,0)=0$；同理，偏导数 $f'_y(0,0)=0$. 应选 C.

18. **【答案】** E

【解析】

$$\frac{\partial z}{\partial x}=f'_x[f(x,y),y]\cdot f'_x(x,y),$$

$$\frac{\partial z}{\partial y}=f'_x[f(x,y),y]\cdot f'_y(x,y)+f'_y[f(x,y),y],$$

$$\frac{\partial z}{\partial x}\Big|_{\substack{x=1\\y=1}}=f'_x[f(1,1),1]\cdot f'_x(1,1)=[f'_x(1,1)]^2=2^2=4,$$

$$\frac{\partial z}{\partial y}\Big|_{\substack{x=1\\y=1}}=f'_x[f(1,1),1]\cdot f'_y(1,1)+f'_y[f(1,1),1]=f'_x(1,1)\cdot f'_y(1,1)+f'_y(1,1)$$
$$=2\times3+3=9.$$

应选 E.

19.【答案】B

【解析】
$$\frac{\partial u}{\partial x}=f'(r)\cdot\frac{\partial r}{\partial x}=f'(r)\cdot\frac{x}{r},$$
$$\frac{\partial u}{\partial y}=f'(r)\cdot\frac{\partial r}{\partial y}=f'(r)\cdot\frac{y}{r},$$
$$\frac{\partial u}{\partial z}=f'(r)\cdot\frac{\partial r}{\partial z}=f'(r)\cdot\frac{z}{r}.$$

$$\frac{\partial^2 u}{\partial x^2}=f''(r)\cdot\left(\frac{x}{r}\right)^2+f'(r)\cdot\frac{r-x\dfrac{x}{r}}{r^2}=\frac{x^2}{r^2}f''(r)+\frac{r^2-x^2}{r^3}f'(r).$$

类似地，$\dfrac{\partial^2 u}{\partial y^2}=\dfrac{y^2}{r^2}f''(r)+\dfrac{r^2-y^2}{r^3}f'(r)$，$\dfrac{\partial^2 u}{\partial z^2}=\dfrac{z^2}{r^2}f''(r)+\dfrac{r^2-z^2}{r^3}f'(r)$. 于是，

$$\frac{\partial^2 u}{\partial x^2}+\frac{\partial^2 u}{\partial y^2}+\frac{\partial^2 u}{\partial z^2}=\frac{x^2+y^2+z^2}{r^2}f''(r)+\frac{3r^2-(x^2+y^2+z^2)}{r^3}f'(r)$$
$$=f''(r)+\frac{2}{r}f'(r).$$

应选 B.

20.【答案】D

【解析】$f'_x(x,y)=x^2-y$，$f'_y(x,y)=y^2-x$，$f''_{xx}(x,y)=2x$，$f''_{xy}(x,y)=-1$，$f''_{yy}(x,y)=2y$. 由$\begin{cases}f'_x(x,y)=0,\\f'_y(x,y)=0,\end{cases}$解得函数 $f(x,y)$ 的驻点：$(0,0)$ 与$(1,1)$.

在驻点$(0,0)$ 处，$A=f''_{xx}(0,0)=0$，$B=f''_{xy}(0,0)=-1$，$C=f''_{yy}(0,0)=0$. 因为 $AC-B^2=-1<0$，所以 $f(0,0)$ 不是极值.

在驻点$(1,1)$ 处，$A=f''_{xx}(1,1)=2$，$B=f''_{xy}(1,1)=-1$，$C=f''_{yy}(1,1)=2$. 因为 $AC-B^2=3>0$，且 $A>0$，所以 $f(1,1)$ 是极小值. 应选 D.

21.【答案】B

【解析】令 $L(x,y,\lambda)=x^2-y^2+\lambda(4x^2+y^2-4)$，由
$$\begin{cases}L'_x=2x+8\lambda x=0,\\L'_y=-2y+2\lambda y=0,\\L'_\lambda=4x^2+y^2-4=0,\end{cases}$$

解得$\begin{cases}x=0,\\y=\pm 2,\end{cases}\begin{cases}x=\pm 1,\\y=0.\end{cases}$

由于 $f(0,\pm 2)=-4$，$f(\pm 1,0)=1$，故函数 $z=x^2-y^2$ 在约束条件 $4x^2+y^2=4$ 下的最大值为 $M=1$，最小值 $m=-4$. 故 $M+m=1+(-4)=-3$. 应选 B.

22.【答案】A

【解析】 $|\boldsymbol{C}|=(-1)^{mn}|\boldsymbol{A}^*||\boldsymbol{B}^*|=(-1)^{mn}|\boldsymbol{A}|^{m-1}|\boldsymbol{B}|^{n-1}=(-1)^{mn}a^{m-1}b^{n-1}$，

$$|C^{-1}|=|C|^{-1}=[(-1)^{mn}a^{m-1}b^{n-1}]^{-1}=\frac{(-1)^{mn}}{a^{m-1}b^{n-1}}.$$

应选 A.

23.【答案】 C

【解析】 由行列式的定义知，$f(x)$是三次多项式，最高次幂项为$(-1)^{\tau(1234)}a_{11}a_{22}a_{33}a_{44}+(-1)^{\tau(2134)}a_{12}a_{21}a_{33}a_{44}=1\cdot 3x\cdot x\cdot 3x+(-1)\cdot 2x\cdot 2\cdot x\cdot 3x=-3x^3$，故$f'''(x)=-18$. 应选 C.

24.【答案】 B

【解析】 由于$\boldsymbol{B}$为非零矩阵，故$r(\boldsymbol{B})\geqslant 1$. 由$\boldsymbol{AB}=\boldsymbol{O}$得，$r(\boldsymbol{A})+r(\boldsymbol{B})\leqslant 4$，故$r(\boldsymbol{A})\leqslant 3$，由此可得$r(\boldsymbol{A}^*)=0$或$r(\boldsymbol{A}^*)=1$，又$\boldsymbol{A}^*$是 4 阶非零矩阵，故$r(\boldsymbol{A}^*)=1$，从而$r(\boldsymbol{A})=3$. 于是，$r(\boldsymbol{B})\leqslant 4-r(\boldsymbol{A})=4-3=1$，从而$r(\boldsymbol{B})=1$. 应选 B.

25.【答案】 D

【解析】 由$\boldsymbol{AB}=\boldsymbol{A}-\boldsymbol{B}$得，$(\boldsymbol{A}+\boldsymbol{E})(\boldsymbol{E}-\boldsymbol{B})=\boldsymbol{E}$，故

$$(\boldsymbol{A}+\boldsymbol{E})^{-1}=\boldsymbol{E}-\boldsymbol{B}=\begin{pmatrix}-1&2&0\\2&-1&2\\0&2&-1\end{pmatrix}.$$

应选 D.

26.【答案】 B

【解析】 由于$\boldsymbol{A}$是$m\times n$矩阵，$\boldsymbol{B}$是$n\times m$矩阵，故$\boldsymbol{AB}$是m阶方阵. 当$m>n$时，

$$r(\boldsymbol{AB})\leqslant r(\boldsymbol{A})\leqslant\min\{m,n\}\leqslant n<m.$$

故当$m>n$时，齐次线性方程组$\boldsymbol{ABx}=\boldsymbol{0}$有非零解. 应选 B.

27.【答案】 D

【解析】 $$|\boldsymbol{\alpha}_1,\boldsymbol{\alpha}_2,\boldsymbol{\alpha}_3|=\begin{vmatrix}1&2&k-3\\k&-1&1\\3&1&-1\end{vmatrix}=\begin{vmatrix}1&2&k-1\\k&-1&0\\3&1&0\end{vmatrix}=(k-1)(k+3),$$

$$|\boldsymbol{\beta}_1,\boldsymbol{\beta}_2,\boldsymbol{\beta}_3|=\begin{vmatrix}-1&1&2\\2&k&-5\\3&2&-1\end{vmatrix}=\begin{vmatrix}-1&1&2\\0&k+2&-1\\0&5&5\end{vmatrix}=-5(k+3).$$

由于向量组$\boldsymbol{\alpha}_1,\boldsymbol{\alpha}_2,\boldsymbol{\alpha}_3$线性相关，而向量组$\boldsymbol{\beta}_1,\boldsymbol{\beta}_2,\boldsymbol{\beta}_3$线性无关，因此$|\boldsymbol{\alpha}_1,\boldsymbol{\alpha}_2,\boldsymbol{\alpha}_3|=0$，$|\boldsymbol{\beta}_1,\boldsymbol{\beta}_2,\boldsymbol{\beta}_3|\neq 0$，从而$k=1$. 应选 D.

28.【答案】 A

【解析】 对方程组的增广矩阵作初等行变换：

$$\overline{\boldsymbol{A}}=\left(\begin{array}{ccc:c}\lambda&1&1&\lambda-2\\1&\lambda&\lambda&3\\1&1&\lambda&1\end{array}\right)\to\left(\begin{array}{ccc:c}1&1&\lambda&1\\0&\lambda-1&0&2\\0&1-\lambda&1-\lambda^2&-2\end{array}\right)\to\left(\begin{array}{ccc:c}1&1&\lambda&1\\0&\lambda-1&0&2\\0&0&1-\lambda^2&0\end{array}\right).$$

由于方程组有无穷多解，故 $r(\boldsymbol{A})=r(\overline{\boldsymbol{A}})<3$，从而$\begin{cases}1-\lambda^2=0,\\ \lambda-1\neq0,\end{cases}$得 $\lambda=-1$. 此时，

$$\overline{\boldsymbol{A}}\to\left(\begin{array}{ccc:c}1&1&-1&1\\0&-2&0&2\\0&0&0&0\end{array}\right)\to\left(\begin{array}{ccc:c}1&1&-1&1\\0&1&0&-1\\0&0&0&0\end{array}\right)\to\left(\begin{array}{ccc:c}1&0&-1&2\\0&1&0&-1\\0&0&0&0\end{array}\right).$$

于是，原方程组的通解为 $\begin{pmatrix}x_1\\x_2\\x_3\end{pmatrix}=\begin{pmatrix}2\\-1\\0\end{pmatrix}+k\begin{pmatrix}1\\0\\1\end{pmatrix}$ 或 $\begin{pmatrix}x_1\\x_2\\x_3\end{pmatrix}=\begin{pmatrix}1\\-1\\-1\end{pmatrix}+k\begin{pmatrix}1\\0\\1\end{pmatrix}$. 应选 A.

29. **【答案】** C

【解析】 $P(\overline{A}|\overline{B})=\dfrac{P(\overline{A}\,\overline{B})}{P(\overline{B})}=\dfrac{P(\overline{A\cup B})}{P(\overline{B})}=\dfrac{1-P(A\cup B)}{1-P(B)}=\dfrac{1-0.7}{1-0.4}=0.5$. 应选 C.

30. **【答案】** E

【解析】 设 $P(B)=q$，因为事件 A,B 互相独立，所以 $P(AB)=P(A)P(B)=pq$，$P(\overline{A}\,\overline{B})=P(\overline{A})P(\overline{B})=(1-p)(1-q)=1-p-q+pq$. 由题设知，$P(AB)=P(\overline{A}\,\overline{B})$，故 $p+q=1$，从而 $P(B)=q=1-p$. 于是，事件 A,B 不都发生的概率为

$$P(\overline{A}\cup\overline{B})=P(\overline{AB})=1-P(AB)=1-pq=1-p(1-p)=1-p+p^2.$$

应选 E.

31. **【答案】** A

【解析】 由于 $X\sim N(\mu,\sigma^2)$，因此 $F(x)=P\{X\leqslant x\}=P\left\{\dfrac{X-\mu}{\sigma}\leqslant\dfrac{x-\mu}{\sigma}\right\}=\Phi\left(\dfrac{x-\mu}{\sigma}\right)$. 于是，$F(\mu+x)+F(\mu-x)=\Phi\left(\dfrac{x}{\sigma}\right)+\Phi\left(-\dfrac{x}{\sigma}\right)=1$. 应选 A.

32. **【答案】** B

【解析】 由于 X 服从区间$[-2,2]$上的均匀分布，故 X 的概率密度为

$$f(x)=\begin{cases}\dfrac{1}{4}, & -2\leqslant x\leqslant 2,\\ 0, & \text{其他}.\end{cases}$$

于是，

$$P(A)=P\{0<X<1\}=\int_0^1\frac{1}{4}\mathrm{d}x=\frac{1}{4},P(B)=P\left\{|X|<\frac{1}{2}\right\}=\int_{-\frac{1}{2}}^{\frac{1}{2}}\frac{1}{4}\mathrm{d}x=\frac{1}{4},$$

$$P(AB)=P\left\{0<X<1,|X|<\frac{1}{2}\right\}=P\left\{0<X<\frac{1}{2}\right\}=\int_0^{\frac{1}{2}}\frac{1}{4}\mathrm{d}x=\frac{1}{8}.$$

故 $P(A)P(B)=\dfrac{1}{2}P(AB)$. 应选 B.

33. **【答案】** E

【解析】 设 X 的分布函数为 $F(x)$，则 $P\{X<1\}=F(1)=\Phi(0)=\dfrac{1}{2}$. 用 Y 表示观察值

小于 1 的次数,则 $Y\sim B\left(4,\frac{1}{2}\right)$. 于是,

$$P\{Y\geqslant 1\}=1-P\{Y<1\}=1-P\{Y=0\}=1-C_4^0\left(1-\frac{1}{2}\right)^0\left(\frac{1}{2}\right)^4=\frac{15}{16}.$$

应选 E.

34.【答案】 B

【解析】

$$E(Y)=\int_{-\infty}^{+\infty}e^{-x}f(x)dx=\int_0^{+\infty}e^{-2x}dx=\frac{1}{2},$$

$$E(Y^2)=\int_{-\infty}^{+\infty}e^{-2x}f(x)dx=\int_0^{+\infty}e^{-3x}dx=\frac{1}{3}.$$

故 $D(Y)=E(Y^2)-[E(Y)]^2=\frac{1}{3}-\left(\frac{1}{2}\right)^2=\frac{1}{12}$,从而 $D(2Y+1)=4D(Y)=\frac{1}{3}$. 应选 B.

35.【答案】 C

【解析】 随机变量 X 的可能取值为 2,4,6. X 的概率分布为

$$P\{X=2\}=F(2)-F(2-0)=0.2-0=0.2,$$

$$P\{X=4\}=F(4)-F(4-0)=0.8-0.2=0.6,$$

$$P\{X=6\}=F(6)-F(6-0)=1-0.8=0.2.$$

写成表格形式,即

X	2	4	6
P	0.2	0.6	0.2

于是,$E(X)=2\times 0.2+4\times 0.6+6\times 0.2=4$,$E(X^2)=2^2\times 0.2+4^2\times 0.6+6^2\times 0.2=17.6$,从而 $D(X)=E(X^2)-[E(X)]^2=17.6-4^2=1.6$,故

$$P\{|X-E(X)|<D(X)\}=P\{|X-4|<1.6\}=P\{2.4<X<5.6\}$$
$$=P\{X=4\}=0.6.$$

应选 C.

经济类综合能力数学预测试题(四)解析

1.【答案】A

【解析】由于当 $x \to \infty$ 时，$\frac{1}{x} \to 0$，而 $\sin 3x$ 与 $\sin x$ 为有界函数，故

$$\lim_{x\to\infty}\left(x\sin\frac{2}{x}+\frac{\sin 3x}{x}+\sin x\sin\frac{4}{x}\right)=\lim_{x\to\infty}\frac{2\sin\frac{2}{x}}{\frac{2}{x}}+\lim_{x\to\infty}\frac{1}{x}\sin 3x+\lim_{x\to\infty}\frac{4}{x}\sin x$$

$$=2+0+0=2.$$

应选 A.

2.【答案】B

【解析】
$$\lim_{x\to 0}\left(\frac{a^x+b^x}{2}\right)^{\frac{1}{x}}=\lim_{x\to 0}\left(1+\frac{a^x+b^x-2}{2}\right)^{\frac{1}{x}}=e^{\lim\limits_{x\to 0}\frac{a^x+b^x-2}{2x}}=e^{\lim\limits_{x\to 0}\frac{a^x\ln a+b^x\ln b}{2}}$$

$$=e^{\frac{\ln a+\ln b}{2}}=\sqrt{ab}.$$

应选 B.

3.【答案】B

【解析】因为

$$\lim_{x\to+\infty}y=\lim_{x\to+\infty}(\sqrt[3]{x^3+3x}-\sqrt{x^2-2x})\xlongequal{x=\frac{1}{t}}\lim_{t\to 0^+}\left(\sqrt[3]{\frac{1}{t^3}+\frac{3}{t}}-\sqrt{\frac{1}{t^2}-\frac{2}{t}}\right)$$

$$=\lim_{t\to 0^+}\frac{\sqrt[3]{1+3t^2}-\sqrt{1-2t}}{t}=\lim_{t\to 0^+}\frac{\frac{1}{3}(1+3t^2)^{-\frac{2}{3}}\cdot 6t+(1-2t)^{-\frac{1}{2}}}{1}=1,$$

$$\lim_{x\to-\infty}y=\lim_{x\to-\infty}(\sqrt[3]{x^3+3x}-\sqrt{x^2-2x})=-\infty,$$

所以曲线 $y=\sqrt[3]{x^3+3x}-\sqrt{x^2-2x}$ 的水平渐近线方程为 $y=1$. 应选 B.

4.【答案】B

【解析】因为 $x=2$ 是函数 $f(x)=\frac{x^2-b}{(e^x-e^a)(x-b)}$ 的第一类间断点，所以 $a=2$ 或 $b=2$. 显然，函数 $f(x)$ 的第一类间断点必为可去间断点，所以 $\lim\limits_{x\to 2}\frac{x^2-b}{(e^x-e^a)(x-b)}$ 存在，从而 $\lim\limits_{x\to 2}(x^2-b)=4-b=0$. 因此，$b=4$，从而 $a=2$. 应选 B.

5.【答案】D

【解析】
$$\lim_{x\to 0}f(x)=\lim_{x\to 0}\frac{e^x-x-1}{x^2}=\lim_{x\to 0}\frac{e^x-1}{2x}=\frac{1}{2},$$

$$\lim_{x\to 0}\frac{f(x)-\lim\limits_{x\to 0}f(x)}{ax^k}=\lim_{x\to 0}\frac{\frac{e^x-x-1}{x^2}-\frac{1}{2}}{ax^k}=\lim_{x\to 0}\frac{e^x-x-1-\frac{1}{2}x^2}{ax^{k+2}}$$

$$=\lim_{x\to 0}\frac{e^x-1-x}{a(k+2)x^{k+1}}=\lim_{x\to 0}\frac{e^x-1}{a(k+2)(k+1)x^k}=\lim_{x\to 0}\frac{1}{a(k+2)(k+1)x^{k-1}}.$$

由题设知，$\lim\limits_{x\to 0}\dfrac{f(x)-\lim\limits_{x\to 0}f(x)}{ax^k}=1$，所以 $k=1,a=\dfrac{1}{6}$. 应选 D.

6.【答案】C

【解析】令 $t=\dfrac{1}{x}$，则

$$\lim_{x\to\infty}x\left[f\left(\frac{x+2}{x}\right)-f\left(\frac{x-2}{x}\right)\right]=\lim_{t\to 0}\frac{f(1+2t)-f(1-2t)}{t}$$

$$=\lim_{t\to 0}\frac{f(1+2t)-f(1)-[f(1-2t)-f(1)]}{t}$$

$$=\lim_{t\to 0}\frac{f(1+2t)-f(1)}{t}-\lim_{t\to 0}\frac{f(1-2t)-f(1)}{t}$$

$$=2\lim_{t\to 0}\frac{f(1+2t)-f(1)}{2t}+2\lim_{t\to 0}\frac{f(1-2t)-f(1)}{-2t}$$

$$=2f'(1)+2f'(1)=4f'(1).$$

由于 $\lim\limits_{x\to\infty}x\left[f\left(\dfrac{x+2}{x}\right)-f\left(\dfrac{x-2}{x}\right)\right]=1$，故 $f'(1)=\dfrac{1}{4}$. 应选 C.

7.【答案】D

【解析】$\dfrac{dy}{dx}=\dfrac{\frac{dy}{dt}}{\frac{dx}{dt}}=\dfrac{\frac{2t}{1+t^2}}{\frac{1}{1+t^2}}=2t$，由于 $\left.\dfrac{dy}{dx}\right|_{t=t_0}=4$，故 $t_0=2$. 于是，

$$\left.\frac{d^2y}{dx^2}\right|_{t=t_0}=\left.\frac{(2t)'}{\frac{1}{1+t^2}}\right|_{t=2}=2(1+t^2)|_{t=2}=10.$$

应选 D.

8.【答案】A

【解析】$\dfrac{dy}{dx}=2xf\left(\dfrac{1}{x}\right)-f'\left(\dfrac{1}{x}\right)$，$\dfrac{d^2y}{dx^2}=2f\left(\dfrac{1}{x}\right)-\dfrac{2}{x}f'\left(\dfrac{1}{x}\right)+\dfrac{1}{x^2}f''\left(\dfrac{1}{x}\right)$. 应选 A.

9.【答案】D

【解析】由于 $f'(x)=(x^2-2x)e^x$，$f''(x)=(x^2-2)e^x$，因此，在区间 $(0,2)$ 内，$f'(x)<0$，$f''(x)$ 有且仅有一个零点 $x=\sqrt{2}$，且在 $x=\sqrt{2}$ 的两侧 $f''(x)$ 异号. 所以在区间 $(0,2)$ 内函数 $f(x)$ 单调减少且其图形有一个拐点. 应选 D.

10.【答案】B

【解析】$f'(x)=6x^2-6x=6x(x-1)$. 令 $f'(x)=0$，得 $f(x)$ 的驻点 $x=0,x=1$. 由

于 $f(0)=a, f(1)=a-1, f(-1)=a-5, f(2)=a+4$,因此 $f(x)$ 在$[-1,2]$上的最小值为 $f(-1)=a-5$. 由于 $f''(0)=-6<0, f''(1)=6>0$,因此 $f(x)$ 的极小值为 $f(1)=a-1$. 由题设得 $a=1$,故 $f(x)$ 在$[-1,2]$上的最小值为 $f(-1)=a-5=-4$. 应选 B.

11. **【答案】** D

【解析】 显然,函数 $f(x)$ 在$[0,4]$上可导,且 $f(0)=f(1)=f(2)=f(3)=f(4)$. 根据罗尔定理,方程 $f'(x)=0$ 在开区间$(k,k+1)$内至少有一个实根$(k=0,1,2,3)$,从而方程 $f'(x)=0$ 至少有 4 个实根. 此外,由于 $f(x)$ 是五次多项式,故 $f'(x)$ 是四次多项式,即 $f'(x)=0$ 是四次方程,从而方程 $f'(x)=0$ 至多有 4 个实根. 综上,方程 $f'(x)=0$ 共有 4 个实根. 应选 D.

12. **【答案】** E

【解析】 由题设得,$f(x)=(\ln|1-2x|)'=\dfrac{-2}{1-2x}=\dfrac{2}{2x-1}$. 于是,

$$f^{(n)}(x)=2\cdot 2^n\frac{(-1)^n n!}{(2x-1)^{n+1}}=\frac{(-1)^n 2^{n+1} n!}{(2x-1)^{n+1}}.$$

故 $f^{(n)}(0)=\dfrac{(-1)^n 2^{n+1} n!}{(-1)^{n+1}}=-2^{n+1}n!$. 应选 E.

13. **【答案】** D

【解析】 法一：由于函数 $f(x)$ 在闭区间$[0,1]$上具有二阶连续导数,故对 $\forall x\in[0,1]$,由泰勒公式可知,在 x 与 $\dfrac{1}{2}$ 之间存在一点 ξ,使得

$$f(x)=f\left(\frac{1}{2}\right)+f'\left(\frac{1}{2}\right)\left(x-\frac{1}{2}\right)+\frac{f''(\xi)}{2!}\left(x-\frac{1}{2}\right)^2.$$

于是,

$$\begin{aligned}\int_0^1 f(x)\mathrm{d}x&=\int_0^1 f\left(\frac{1}{2}\right)\mathrm{d}x+\int_0^1 f'\left(\frac{1}{2}\right)\left(x-\frac{1}{2}\right)\mathrm{d}x+\int_0^1\frac{f''(\xi)}{2!}\left(x-\frac{1}{2}\right)^2\mathrm{d}x\\&=f\left(\frac{1}{2}\right)+\int_0^1\frac{f''(\xi)}{2!}\left(x-\frac{1}{2}\right)^2\mathrm{d}x.\end{aligned}$$

由于 $f''(x)>0$,故 $\dfrac{f''(\xi)}{2!}\left(x-\dfrac{1}{2}\right)^2>0\left(x\neq\dfrac{1}{2}\right)$,从而 $\displaystyle\int_0^1\frac{f''(\xi)}{2!}\left(x-\frac{1}{2}\right)^2\mathrm{d}x>0$. 因此,$\displaystyle\int_0^1 f(x)\mathrm{d}x>f\left(\frac{1}{2}\right)$. 应选 D.

法二：(排除法) 取 $f(x)=x^2-2x$,则 $f''(x)=2>0$,且 $\displaystyle\int_0^1 f(x)\mathrm{d}x=-\frac{2}{3}$. 故

$$\int_0^1 f(x)\mathrm{d}x=-\frac{2}{3}<f(0)=0,\int_0^1 f(x)\mathrm{d}x=-\frac{2}{3}>f(1)=-1,$$

$$\int_0^1 f(x)\mathrm{d}x=-\frac{2}{3}>f\left(\frac{1}{2}\right)=-\frac{3}{4},\int_0^1 f(x)\mathrm{d}x=-\frac{2}{3}<\frac{1}{2}[f(0)+f(1)]=-\frac{1}{2},$$

所以排除选项 A,B,C,E. 应选 D.

14. 【答案】 E

【解析】 令 $x=1+t$,则

$$\int_0^2 xf(2x-x^2)\mathrm{d}x=\int_{-1}^1 (1+t)f(1-t^2)\mathrm{d}t=2\int_0^1 f(1-t^2)\mathrm{d}t.$$

再令 $t=1-u$,则

$$\int_0^2 xf(2x-x^2)\mathrm{d}x=2\int_0^1 f(1-t^2)\mathrm{d}t=2\int_0^1 f(2u-u^2)\mathrm{d}u=2\int_0^1 f(2x-x^2)\mathrm{d}x.$$

故 $k=2$. 应选 E.

15. 【答案】 C

【解析】 设曲线 $y=\cos x$ 与 $y=a\sin x$ 的交点为(x_0,y_0),则 $\tan x_0=\dfrac{1}{a}$. 于是,

$\sin x_0=\dfrac{1}{\sqrt{1+a^2}}$,$\cos x_0=\dfrac{a}{\sqrt{1+a^2}}$. 由题设得

$$\int_0^{x_0}(\cos x-a\sin x)\mathrm{d}x=\frac{1}{2}\int_0^{\frac{\pi}{2}}\cos x\mathrm{d}x=\frac{1}{2}.$$

由于$\displaystyle\int_0^{x_0}(\cos x-a\sin x)\mathrm{d}x=(\sin x+a\cos x)\Big|_0^{x_0}=\sin x_0+a\cos x_0-a=\sqrt{1+a^2}-a$,

因此$\sqrt{1+a^2}-a=\dfrac{1}{2}$. 由此解得 $a=\dfrac{3}{4}$. 应选 C.

16. 【答案】 B

【解析】 曲线 $y=x^2$ 在点(1,1) 处的切线方程为 $y=2x-1$. 由曲线 $y=x^2$ 与直线 $y=2x-1$ 及 $y=0$ 所围成的平面图形绕 y 轴旋转一周所得旋转体的体积为

$$V=\pi\int_0^1\left[\left(\frac{y+1}{2}\right)^2-y\right]\mathrm{d}y=\pi\int_0^1\left[\frac{1}{4}(y+1)^2-y\right]\mathrm{d}y$$

$$=\pi\left[\frac{1}{12}(y+1)^3-\frac{1}{2}y^2\right]\Bigg|_0^1=\frac{1}{12}\pi.$$

应选 B.

17. 【答案】 B

【解析】 椭圆 $x^2+2y^2=2$ 的参数方程为$\begin{cases}x=\sqrt{2}\cos t,\\ y=\sin t\end{cases}(0\leqslant t\leqslant 2\pi)$.

$$l_1=2\int_0^{\frac{\pi}{2}}\sqrt{1+(y')^2}\,\mathrm{d}x=2\int_0^{\frac{\pi}{2}}\sqrt{1+\cos^2 x}\,\mathrm{d}x\xlongequal{x=\frac{\pi}{2}-u}2\int_0^{\frac{\pi}{2}}\sqrt{1+\sin^2 u}\,\mathrm{d}u,$$

$$l_2=4\int_0^{\frac{\pi}{2}}\sqrt{[x'(t)]^2+[y'(t)]^2}\,\mathrm{d}t=4\int_0^{\frac{\pi}{2}}\sqrt{(-\sqrt{2}\sin t)^2+\cos^2 t}\,\mathrm{d}t$$

$$=4\int_0^{\frac{\pi}{2}}\sqrt{1+\sin^2 t}\,\mathrm{d}t,$$

所以 $l_1:l_2=1:2$. 应选 B.

18.【答案】E

【解析】$\frac{\partial z}{\partial x}=f'_1\cdot 2+f'_2\cdot 3=2f'_1+3f'_2$，$\frac{\partial z}{\partial y}=f'_1\cdot 3+f'_2\cdot 2=3f'_1+2f'_2$.

$\frac{\partial^2 z}{\partial x^2}=2(f''_{11}\cdot 2+f''_{12}\cdot 3)+3(f''_{21}\cdot 2+f''_{22}\cdot 3)=4f''_{11}+12f''_{12}+9f''_{22}=13f''_{11}+12f''_{12}$，

$\frac{\partial^2 z}{\partial y^2}=3(f''_{11}\cdot 3+f''_{12}\cdot 2)+2(f''_{21}\cdot 3+f''_{22}\cdot 2)=9f''_{11}+12f''_{12}+4f''_{22}=13f''_{11}+12f''_{12}$，

$\frac{\partial^2 z}{\partial x\partial y}=2(f''_{11}\cdot 3+f''_{12}\cdot 2)+3(f''_{21}\cdot 3+f''_{22}\cdot 2)=6f''_{11}+13f''_{12}+6f''_{22}=12f''_{11}+13f''_{12}$，

于是，$\frac{\partial^2 z}{\partial x^2}+\frac{\partial^2 z}{\partial y^2}-2\frac{\partial^2 z}{\partial x\partial y}=2f''_{11}-2f''_{12}$. 应选 E.

19.【答案】D

【解析】由于

$$\lim_{x\to 0^-}\frac{f(x,0)-f(0,0)}{x-0}=\lim_{x\to 0^-}\frac{x\sin\frac{x}{-x}-0}{x}=-\sin 1,$$

$$\lim_{x\to 0^+}\frac{f(x,0)-f(0,0)}{x-0}=\lim_{x\to 0^+}\frac{x\sin\frac{x}{x}-0}{x}=\sin 1,$$

因此 $f'_x(0,0)$ 不存在. 由于$\lim\limits_{y\to 0}\frac{f(0,y)-f(0,0)}{y-0}=\lim\limits_{y\to 0}\frac{y-0}{y}=1$，因此 $f'_y(0,0)$ 存在. 应选 D.

20.【答案】A

【解析】令 $F(x,y,z)=f(ay+bz)-ax-bz$，则

$$F'_x=-a,F'_y=af'(ay+bz),F'_z=bf'(ay+bz)-b,$$

于是，

$$\frac{\partial z}{\partial x}=-\frac{F'_x}{F'_z}=-\frac{-a}{bf'(ay+bz)-b}=\frac{a}{bf'(ay+bz)-b},$$

$$\frac{\partial z}{\partial y}=-\frac{F'_y}{F'_z}=-\frac{af'(ay+bz)}{bf'(ay+bz)-b},$$

故$\frac{\partial z}{\partial x}+\frac{\partial z}{\partial y}=\frac{a}{bf'(ay+bz)-b}-\frac{af'(ay+bz)}{bf'(ay+bz)-b}=-\frac{a}{b}$. 应选 A.

21.【答案】E

【解析】由题可知，$f'_x(x,y)=4x^3+4x$，$f'_y(x,y)=6y^2-6$. 从而，$f''_{xx}(x,y)=12x^2+4$，$f''_{xy}(x,y)=0$，$f''_{yy}(x,y)=12y$. 由$\begin{cases}f'_x(x,y)=0,\\f'_y(x,y)=0,\end{cases}$解得函数 $f(x,y)$ 的驻点为$(0,1)$与$(0,-1)$.

在驻点$(0,1)$处，$A=f''_{xx}(0,1)=4$，$B=f''_{xy}(0,1)=0$，$C=f''_{yy}(0,1)=12$. 因为 $AC-B^2=48>0$，且 $A>0$，所以 $f(0,1)$ 是极小值.

在驻点$(0,-1)$处，$A=f''_{xx}(0,-1)=4$，$B=f''_{xy}(0,-1)=0$，$C=f''_{yy}(0,-1)=-12$.

因为$AC-B^2=-48<0$，所以$f(0,-1)$不是极值. 应选 E.

22. **【答案】** B

【解析】 因为$f(x)$是四次多项式，所以要求$f'''(0)$，只要求出$f(x)$中含有x^3的项. 根据n阶行列式的定义，可知$f(x)$中含有x^3的项只有一项：

$$(-1)^{\tau(4231)}a_{14}a_{22}a_{33}a_{41}=(-1)\cdot x\cdot 2x\cdot 3x\cdot 1=-6x^3,$$

故$f'''(0)=-36$. 应选 B.

23. **【答案】** E

【解析】 因为

$$|\boldsymbol{A}|=\begin{vmatrix}1&1&1&1\\1&a&b&b\\1&b&a&b\\1&b&b&a\end{vmatrix}\xlongequal[i=2,3,4]{r_i+r_1\cdot(-1)}\begin{vmatrix}1&1&1&1\\0&a-1&b-1&b-1\\0&b-1&a-1&b-1\\0&b-1&b-1&a-1\end{vmatrix}$$

$$=\begin{vmatrix}a-1&b-1&b-1\\b-1&a-1&b-1\\b-1&b-1&a-1\end{vmatrix}\xlongequal{c_1+c_2+c_3}\begin{vmatrix}a+2b-3&b-1&b-1\\a+2b-3&a-1&b-1\\a+2b-3&b-1&a-1\end{vmatrix}$$

$$\xlongequal[i=2,3]{r_i+r_1\cdot(-1)}\begin{vmatrix}a+2b-3&b-1&b-1\\0&a-b&0\\0&0&a-b\end{vmatrix}=(a+2b-3)(a-b)^2,$$

而$a\neq b$，所以齐次线性方程组$\boldsymbol{Ax}=\boldsymbol{0}$有非零解的充分必要条件为$a+2b=3$. 应选 E.

24. **【答案】** E

【解析】 由$\boldsymbol{A}^3=\boldsymbol{O}$得，$|\boldsymbol{A}^3|=|\boldsymbol{A}|^3=|\boldsymbol{O}|=0$，从而$|\boldsymbol{A}|=0$，故$\boldsymbol{A}$不可逆. 因为

$$(\boldsymbol{A}+\boldsymbol{E})(\boldsymbol{A}^2-\boldsymbol{A}+\boldsymbol{E})=\boldsymbol{A}^3+\boldsymbol{E}=\boldsymbol{E},(\boldsymbol{A}-\boldsymbol{E})(\boldsymbol{A}^2+\boldsymbol{A}+\boldsymbol{E})=\boldsymbol{A}^3-\boldsymbol{E}=-\boldsymbol{E},$$

所以$\boldsymbol{A}+\boldsymbol{E}$，$\boldsymbol{A}-\boldsymbol{E}$均可逆. 应选 E.

25. **【答案】** A

【解析】 将矩阵$\boldsymbol{A}$的第 2 行加到第 1 行相当于在$\boldsymbol{A}$的左边乘初等矩阵$\begin{pmatrix}1&1&0\\0&1&0\\0&0&1\end{pmatrix}$（即初等矩阵$\boldsymbol{P}$）；将$\boldsymbol{B}$的第 1 列的$-1$倍加到第 2 列相当于在$\boldsymbol{B}$的右边乘初等矩阵$\begin{pmatrix}1&-1&0\\0&1&0\\0&0&1\end{pmatrix}$. 易验证，$\begin{pmatrix}1&-1&0\\0&1&0\\0&0&1\end{pmatrix}=\begin{pmatrix}1&1&0\\0&1&0\\0&0&1\end{pmatrix}^{-1}=\boldsymbol{P}^{-1}$. 因此，$\boldsymbol{C}=\boldsymbol{PAP}^{-1}$. 应选 A.

26. **【答案】** C

【解析】 因为$\boldsymbol{A}^{-1}+\boldsymbol{B}^{-1}=\boldsymbol{B}^{-1}\boldsymbol{B}\boldsymbol{A}^{-1}+\boldsymbol{B}^{-1}\boldsymbol{A}\boldsymbol{A}^{-1}=\boldsymbol{B}^{-1}(\boldsymbol{B}+\boldsymbol{A})\boldsymbol{A}^{-1}=\boldsymbol{B}^{-1}(\boldsymbol{A}+\boldsymbol{B})\boldsymbol{A}^{-1}$，

所以

$$|\boldsymbol{A}^{-1}+\boldsymbol{B}^{-1}|=|\boldsymbol{B}^{-1}(\boldsymbol{A}+\boldsymbol{B})\boldsymbol{A}^{-1}|=|\boldsymbol{B}^{-1}||\boldsymbol{A}+\boldsymbol{B}||\boldsymbol{A}^{-1}|=\frac{|\boldsymbol{A}+\boldsymbol{B}|}{|\boldsymbol{A}||\boldsymbol{B}|}.$$

应选 C.

27.**【答案】** E

【解析】

$$|\boldsymbol{\alpha}_1,\boldsymbol{\alpha}_2,\boldsymbol{\alpha}_3|=\begin{vmatrix}1&1&2\\2&3-t&6\\3&2&7\end{vmatrix}=\begin{vmatrix}1&1&2\\0&1-t&2\\0&-1&1\end{vmatrix}=-(t-3),$$

$$|\boldsymbol{\beta}_1,\boldsymbol{\beta}_2,\boldsymbol{\beta}_3|=\begin{vmatrix}1&2&1\\-2&1&t\\3&t&0\end{vmatrix}=\begin{vmatrix}1&2&1\\0&5&t+2\\0&t-6&-3\end{vmatrix}=-(t-1)(t-3).$$

因为向量组 $\boldsymbol{\alpha}_1,\boldsymbol{\alpha}_2,\boldsymbol{\alpha}_3$ 与向量组 $\boldsymbol{\beta}_1,\boldsymbol{\beta}_2,\boldsymbol{\beta}_3$ 均线性相关,所以 $|\boldsymbol{\alpha}_1,\boldsymbol{\alpha}_2,\boldsymbol{\alpha}_3|=0$ 且 $|\boldsymbol{\beta}_1,\boldsymbol{\beta}_2,\boldsymbol{\beta}_3|=0$,从而 $t=3$. 应选 E.

28.**【答案】** A

【解析】 令 $\boldsymbol{A}=(\boldsymbol{\alpha}_1,\boldsymbol{\alpha}_2,\boldsymbol{\alpha}_3)$,则由题设知,

$$(\boldsymbol{\alpha}_1,\boldsymbol{\alpha}_2,\boldsymbol{\alpha}_3)\begin{pmatrix}2\\1\\0\end{pmatrix}=\boldsymbol{0},(\boldsymbol{\alpha}_1,\boldsymbol{\alpha}_2,\boldsymbol{\alpha}_3)\begin{pmatrix}1\\0\\1\end{pmatrix}=\boldsymbol{0},(\boldsymbol{\alpha}_1,\boldsymbol{\alpha}_2,\boldsymbol{\alpha}_3)\begin{pmatrix}1\\1\\1\end{pmatrix}=\boldsymbol{b}.$$

于是,$\begin{cases}2\boldsymbol{\alpha}_1+\boldsymbol{\alpha}_2=\boldsymbol{0},\\\boldsymbol{\alpha}_1+\boldsymbol{\alpha}_3=\boldsymbol{0},\\\boldsymbol{\alpha}_1+\boldsymbol{\alpha}_2+\boldsymbol{\alpha}_3=\boldsymbol{b}.\end{cases}$ 解得 $\boldsymbol{\alpha}_1=-\frac{1}{2}\boldsymbol{b},\boldsymbol{\alpha}_2=\boldsymbol{b},\boldsymbol{\alpha}_3=\frac{1}{2}\boldsymbol{b}$. 故

$$\boldsymbol{A}=(\boldsymbol{\alpha}_1,\boldsymbol{\alpha}_2,\boldsymbol{\alpha}_3)=\left(-\frac{1}{2}\boldsymbol{b},\boldsymbol{b},\frac{1}{2}\boldsymbol{b}\right)=\begin{pmatrix}-1&2&1\\-1&2&1\\-1&2&1\end{pmatrix},$$

从而$\boldsymbol{A}^{\mathrm{T}}=\begin{pmatrix}-1&-1&-1\\2&2&2\\1&1&1\end{pmatrix}\to\begin{pmatrix}1&1&1\\0&0&0\\0&0&0\end{pmatrix}$. 于是,齐次线性方程组$\boldsymbol{A}^{\mathrm{T}}\boldsymbol{x}=\boldsymbol{0}$ 的通解为 $\boldsymbol{x}=k_1\begin{pmatrix}-1\\1\\0\end{pmatrix}+k_2\begin{pmatrix}-1\\0\\1\end{pmatrix}$. 应选 A.

29.**【答案】** D

【解析】 由于 $P(A)=P(B)$,故 $P(A\cup B)=P(A)+P(B)-P(AB)=2P(B)-P(B)P(A|B)$,从而 $P(B)=\frac{P(A\cup B)}{2-P(A|B)}=\frac{0.6}{2-0.5}=0.4$. 于是,

$$P(\overline{A}\cup\overline{B})=P(\overline{AB})=1-P(AB)=1-P(B)P(A|B)=1-0.4\times0.5=0.8.$$

应选 D.

30.【答案】 B

【解析】 设 A 表示“甲取得白球”，B 表示“乙取得的 2 个球均为白球”，则 $P(A)=P(\overline{A})=\frac{5}{10}=\frac{1}{2}$，$P(B|A)=\frac{C_4^2}{C_9^2}=\frac{1}{6}$，$P(B|\overline{A})=\frac{C_5^2}{C_9^2}=\frac{5}{18}$. 由全概率公式，

$$P(B)=P(A)P(B|A)+P(\overline{A})P(B|\overline{A})=\frac{1}{2}\times\frac{1}{6}+\frac{1}{2}\times\frac{5}{18}=\frac{2}{9}.$$

应选 B.

31.【答案】 A

【解析】 由于 $X\sim N(1,4)$，$Y\sim N(1,9)$，故

$$p_1=P\{X\leqslant-1\}=P\left\{\frac{X-1}{2}\leqslant-1\right\}=\Phi(-1)=1-\Phi(1),$$

$$p_2=P\{Y\geqslant4\}=P\left\{\frac{Y-1}{3}\geqslant1\right\}=1-\Phi(1),$$

于是，$p_1=p_2=1-\Phi(1)$. 由于 $\Phi(x)$ 是单调增加函数，因此 $\Phi(1)>\Phi(0)=\frac{1}{2}$，从而 $p_1=p_2=1-\Phi(1)<\Phi(1)$. 应选 A.

32.【答案】 E

【解析】 $P\{X=x_0\}=P\{X\leqslant x_0\}-P\{X<x_0\}=F(x_0)-F(x_0^-)$. 应选 E.

33.【答案】 B

【解析】 因为 $X_1\sim U[-1,3]$，$X_2\sim N(1,4)$，所以

$$f_1(x)=\begin{cases}\frac{1}{4}, & -1\leqslant x\leqslant3,\\ 0, & \text{其他},\end{cases}\qquad f_2(x)=\frac{1}{2\sqrt{2\pi}}e^{-\frac{(x-1)^2}{8}}\ (-\infty<x<+\infty).$$

于是，

$$\int_{-\infty}^{+\infty}f(x)dx=a\int_{-\infty}^{1}f_1(x)dx+b\int_{1}^{+\infty}f_2(x)dx$$

$$=a\int_{-1}^{1}\frac{1}{4}dx+b\int_{1}^{+\infty}f_2(x)dx=\frac{1}{2}a+\frac{1}{2}b.$$

因为 $\int_{-\infty}^{+\infty}f(x)dx=1$，所以 $\frac{1}{2}a+\frac{1}{2}b=1$，即 $a+b=2$. 应选 B.

34.【答案】C

【解析】由概率密度的性质，$\int_{-\infty}^{+\infty}f(x)dx=\int_{2}^{+\infty}\frac{a}{x^4}dx=-\frac{a}{3x^3}\Big|_2^{+\infty}=\frac{a}{24}=1$，得 $a=24$.

故 $E(X)=\int_{-\infty}^{+\infty}xf(x)dx=\int_{2}^{+\infty}\frac{24}{x^3}dx=-\frac{12}{x^2}\Big|_2^{+\infty}=3$. 于是，

$$P\{|X|\leqslant E(X)\}=P\{|X|\leqslant 3\}=\int_{-3}^{3}f(x)\mathrm{d}x=\int_{2}^{3}\frac{24}{x^4}\mathrm{d}x=-\frac{8}{x^3}\bigg|_2^3=\frac{19}{27}.$$

应选 C.

35.【答案】E

【解析】Y 的概率分布为

$$P\{Y=-1\}=P\{X<-1\}=\Phi\left(\frac{-1-1}{2}\right)=\Phi(-1)=1-\Phi(1),$$

$$\begin{aligned}P\{Y=1\}&=P\{-1\leqslant X\leqslant 3\}=\Phi\left(\frac{3-1}{2}\right)-\Phi\left(\frac{-1-1}{2}\right)\\&=\Phi(1)-\Phi(-1)=2\Phi(1)-1,\end{aligned}$$

$$P\{Y=3\}=P\{X>3\}=1-\Phi\left(\frac{3-1}{2}\right)=1-\Phi(1).$$

于是，

$$E(Y)=(-1)\cdot[1-\Phi(1)]+1\cdot[2\Phi(1)-1]+3\cdot[1-\Phi(1)]=1,$$

$$\begin{aligned}D(Y)&=E(Y^2)-[E(Y)]^2\\&=(-1)^2\cdot[1-\Phi(1)]+1^2\cdot[2\Phi(1)-1]+3^2\cdot[1-\Phi(1)]-1\\&=8-8\Phi(1).\end{aligned}$$

应选 E.

经济类综合能力数学预测试题(五)解析

1.【答案】E

【解析】
$$\lim_{n\to\infty}\frac{a^{\frac{1}{n}}-a^{\frac{1}{n+a}}}{b^{\frac{1}{n}}-b^{\frac{1}{n+b}}}=\lim_{n\to\infty}\frac{a^{\frac{1}{n+a}}(a^{\frac{1}{n}-\frac{1}{n+a}}-1)}{b^{\frac{1}{n+b}}(b^{\frac{1}{n}-\frac{1}{n+b}}-1)}=\lim_{n\to\infty}\frac{a^{\frac{1}{n+a}}\left(\frac{1}{n}-\frac{1}{n+a}\right)\ln a}{b^{\frac{1}{n+b}}\left(\frac{1}{n}-\frac{1}{n+b}\right)\ln b}$$
$$=\lim_{n\to\infty}\frac{a(n+b)\ln a}{b(n+a)\ln b}=\frac{a\ln a}{b\ln b}.$$

应选 E.

2.【答案】C

【解析】因为
$$\lim_{x\to\infty}f(x)=\lim_{x\to\infty}\left(\frac{x^2+2}{x-1}+ax+b+\frac{\sin 2x}{x}\right)$$
$$=\lim_{x\to\infty}\frac{(1+a)x^2+(b-a)x+(2-b)}{x-1}+\lim_{x\to\infty}\frac{\sin 2x}{x}$$
$$=\lim_{x\to\infty}\frac{(1+a)x^2+(b-a)x+(2-b)}{x-1}=0,$$

所以$\begin{cases}1+a=0,\\ b-a=0,\end{cases}$故 $a=b=-1$,从而 $a+b=-2$. 应选 C.

3.【答案】E

【解析】由于 $f(x)$ 在 $x=0$ 处连续,故由$\lim\limits_{x\to0}f(x)=\lim\limits_{x\to0}\dfrac{\sqrt{1-a\sin^2x}+b}{x^2}=f(0)=2$,得 $b=-1$,从而
$$\lim_{x\to0}f(x)=\lim_{x\to0}\frac{\sqrt{1-a\sin^2x}+b}{x^2}=\lim_{x\to0}\frac{\sqrt{1-a\sin^2x}-1}{x^2}$$
$$=\lim_{x\to0}\frac{\frac{1}{2}(-a\sin^2x)}{x^2}=-\frac{1}{2}a=2,$$

故 $a=-4$. 于是,$ab=4$. 应选 E.

4.【答案】D

【解析】函数 $y=\dfrac{\sqrt{x^2+1}}{x}$ 的定义域为$(-\infty,0)\cup(0,+\infty)$. 因为$\lim\limits_{x\to0}\dfrac{\sqrt{x^2+1}}{x}=\infty$,所以直线 $x=0$ 是曲线的铅直渐近线. 因为
$$\lim_{x\to-\infty}\frac{\sqrt{x^2+1}}{x}=\lim_{x\to-\infty}\left(-\sqrt{1+\frac{1}{x^2}}\right)=-1,\lim_{x\to+\infty}\frac{\sqrt{x^2+1}}{x}=\lim_{x\to+\infty}\sqrt{1+\frac{1}{x^2}}=1,$$

所以直线 $y=-1$ 与 $y=1$ 是曲线的水平渐近线. 曲线 $y=\dfrac{\sqrt{x^2+1}}{x}$ 的渐近线共有 3 条.

应选 D.

5.【答案】E

【解析】由于

$$f'_-(0)=\lim_{x\to 0^-}\frac{f(x)-f(0)}{x-0}=\lim_{x\to 0^-}\frac{e^{2x}-1}{x}=2,$$

$$f'_+(0)=\lim_{x\to 0^+}\frac{f(x)-f(0)}{x-0}=\lim_{x\to 0^+}\frac{\sin 2x}{x}=2,$$

故 $f'(0)=2$. 于是, $\left.\dfrac{dy}{dx}\right|_{x=\pi}=f'[f(\pi)]\cdot f'(\pi)=f'(0)\cdot f'(\pi)=2\cdot 2\cos 2\pi=4$.

应选 E.

6.【答案】C

【解析】方程两边对 x 求导得 $y+xy'+e^y y'=0$, 从而 $y'=-\dfrac{y}{x+e^y}$, $y'\Big|_{x=0}=-\dfrac{y}{x+e^y}\Big|_{\substack{x=0\\y=1}}=-\dfrac{1}{e}$, 则

$$y''\Big|_{x=0}=-\frac{y'(x+e^y)-y(1+e^y y')}{(x+e^y)^2}\Bigg|_{\substack{x=0\\y=1}}=e^{-2}.$$

应选 C.

7.【答案】D

【解析】由 $\lim\limits_{x\to\infty}\dfrac{f(x)-3x^2}{x+1}=2$ 得 $f(x)=3x^2+2x+C$. 再由 $\lim\limits_{x\to 0}\dfrac{f(x)+1}{x}=2$ 得 $C=-1$.

故 $f(x)=3x^2+2x-1$. 令 $f'(x)=6x+2>0$, 得 $x>-\dfrac{1}{3}$, 故函数 $f(x)$ 的单调递增区间为 $\left[-\dfrac{1}{3},+\infty\right)$. 应选 D.

8.【答案】B

【解析】由于函数 $y=f(x)$ 具有二阶导数, 故若 $\Delta x>0$, 则由拉格朗日中值定理, 存在 $\xi\in(x_0,x_0+\Delta x)$, 使得 $\Delta y=f(x_0+\Delta x)-f(x_0)=f'(\xi)\Delta x$. 由于 $f'(x)>0$, 故 $\Delta y>0$. 又 $f''(x)<0$, 故 $f'(x)$ 单调减少, 从而 $\Delta y=f'(\xi)\Delta x<f'(x_0)\Delta x=dy$. 因此, $0<\Delta y<dy$. 应选 B.

9.【答案】B

【解析】函数 $f(x)$ 的定义域为 $(-\infty,+\infty)$.

$$f'(x)=5(x-1)^3(3x-7), f''(x)=60(x-1)^2(x-2).$$

令 $f'(x)=0$, 解得 $x=1$, $x=\dfrac{7}{3}$. 显然在点 $x=1$ 及 $x=\dfrac{7}{3}$ 的两侧 $f'(x)$ 均异号, 故 $x=1$ 及 $x=\dfrac{7}{3}$ 均是函数 $f(x)$ 的极值点. 令 $f''(x)=0$, 解得 $x=1$, $x=2$. 由于在点 $x=2$ 的

两侧 $f''(x)$ 异号，而在点 $x=1$ 的两侧 $f''(x)$ 同号，故曲线 $y=f(x)$ 的拐点只有1个. 应选 B.

10. 【答案】E

【解析】由题设得 $\mathrm{d}(\mathrm{e}^{2x})=f(x)\mathrm{d}x$，于是，

$$\int xf(x)\mathrm{d}x=\int x\mathrm{d}(\mathrm{e}^{2x})=x\mathrm{e}^{2x}-\int \mathrm{e}^{2x}\mathrm{d}x=x\mathrm{e}^{2x}-\frac{1}{2}\mathrm{e}^{2x}+C=\left(x-\frac{1}{2}\right)\mathrm{e}^{2x}+C.$$

应选 E.

11. 【答案】A

【解析】令 $I(t)=\int_0^t \mathrm{e}^x\sin x\mathrm{d}x$，则 $I'(t)=\mathrm{e}^t\sin t$. 因为当 $0<t<\pi$ 时，$I'(t)>0$，所以 $I(t)$ 在 $(0,\pi)$ 上单调增加，从而 $I(1)<I(2)<I(3)$，即 $I_1<I_2<I_3$. 应选 A.

12. 【答案】B

【解析】令 $x=\frac{\pi}{2}+t$，则

$$\begin{aligned}\int_0^{\pi}(\mathrm{e}^{\cos x}+\mathrm{e}^{-\cos x})(\sin x+\cos x)\mathrm{d}x&=\int_{-\frac{\pi}{2}}^{\frac{\pi}{2}}(\mathrm{e}^{-\sin t}+\mathrm{e}^{\sin t})(\cos t-\sin t)\mathrm{d}t\\&=2\int_0^{\frac{\pi}{2}}(\mathrm{e}^{-\sin t}+\mathrm{e}^{\sin t})\cos t\mathrm{d}t\\&=2\int_0^{\frac{\pi}{2}}(\mathrm{e}^{-\sin t}+\mathrm{e}^{\sin t})\mathrm{d}(\sin t)=2(-\mathrm{e}^{-\sin t}+\mathrm{e}^{\sin t})\Big|_0^{\frac{\pi}{2}}\\&=2(\mathrm{e}-\mathrm{e}^{-1}).\end{aligned}$$

应选 B.

13. 【答案】D

【解析】$I_n=\int_0^1 x(\ln x)^n\mathrm{d}x=\int_0^1(\ln x)^n\mathrm{d}\left(\frac{x^2}{2}\right)=\frac{x^2}{2}(\ln x)^n\Big|_0^1-\frac{n}{2}\int_0^1 x(\ln x)^{n-1}\mathrm{d}x$

$$\begin{aligned}&=-\frac{n}{2}\int_0^1 x(\ln x)^{n-1}\mathrm{d}x=-\frac{n}{2}I_{n-1}=-\frac{n}{2}\cdot\left(-\frac{n-1}{2}\right)I_{n-2}\\&=-\frac{n}{2}\cdot\left(-\frac{n-1}{2}\right)\cdot\left(-\frac{n-2}{2}\right)I_{n-3}=\cdots=\frac{(-1)^n n!}{2^n}I_0=\frac{(-1)^n n!}{2^{n+1}}.\end{aligned}$$

应选 D.

14. 【答案】A

【解析】令 $\int_0^1 f(x)\mathrm{d}x=a$，则 $f(x)=x\cos x+ax$，两边在 $[0,1]$ 上求定积分得

$$a=\int_0^1 x\cos x\mathrm{d}x+\frac{1}{2}a.$$

于是，

$$a=2\int_0^1 x\cos x\mathrm{d}x=2\int_0^1 x\mathrm{d}(\sin x)=2x\sin x\Big|_0^1-2\int_0^1\sin x\mathrm{d}x=2\sin 1+2\cos 1-2.$$

应选 A.

15.【答案】D

【解析】曲线 $y=\sqrt{x}$ 在点(1,1)处的切线为 $y=\frac{1}{2}(x+1)$. 所求平面图形的面积为

$$A=\int_0^1[y^2-(2y-1)]\mathrm{d}y=\int_0^1(y-1)^2\mathrm{d}y=\frac{1}{3}.$$

应选 D.

16.【答案】B

【解析】由圆 $(x-a)^2+(y-b)^2=R^2(a>b>R>0)$ 所围平面图形绕 x 轴旋转一周所形成的旋转体体积为

$$V=\pi\int_{a-R}^{a+R}\{[b+\sqrt{R^2-(x-a)^2}]^2-[b-\sqrt{R^2-(x-a)^2}]^2\}\mathrm{d}x$$

$$=4b\pi\int_{a-R}^{a+R}\sqrt{R^2-(x-a)^2}\,\mathrm{d}x=4b\pi\cdot\frac{1}{2}\pi R^2=2\pi^2bR^2.$$

应选 B.

17.【答案】C

【解析】$y'=\sqrt{\sin x}$. 根据平面曲线弧长的计算公式，曲线弧 $y=\int_0^x\sqrt{\sin t}\,\mathrm{d}t(0\leqslant x\leqslant\pi)$ 的长度为

$$l=\int_0^{\pi}\sqrt{1+(y')^2}\,\mathrm{d}x=\int_0^{\pi}\sqrt{1+\sin x}\,\mathrm{d}x=\int_0^{\pi}\left(\sin\frac{x}{2}+\cos\frac{x}{2}\right)\mathrm{d}x$$

$$=2\left(-\cos\frac{x}{2}+\sin\frac{x}{2}\right)\Big|_0^{\pi}=4.$$

应选 C.

18.【答案】D

【解析】令 $2x^2-3y^2-t=u$，则 $z=\int_0^{2x^2-3y^2}\sin u^2\,\mathrm{d}u$. 于是，

$$\frac{\partial z}{\partial x}=4x\sin(2x^2-3y^2)^2,$$

$$\frac{\partial z}{\partial y}=-6y\sin(2x^2-3y^2)^2.$$

故 $3y\frac{\partial z}{\partial x}+2x\frac{\partial z}{\partial y}=3y\cdot4x\sin(2x^2-3y^2)^2+2x\cdot(-6y)\sin(2x^2-3y^2)^2=0$. 应选 D.

19.【答案】A

【解析】令 $G(x,y)=F\left(\ln x-\ln y,\frac{x}{y}-\frac{y}{x}\right)$，则

$$G'_x=F'_u\cdot\frac{1}{x}+F'_v\cdot\left(\frac{1}{y}+\frac{y}{x^2}\right),$$

$$G'_y=F'_u\cdot\left(-\frac{1}{y}\right)+F'_v\cdot\left(-\frac{x}{y^2}-\frac{1}{x}\right),$$

故
$$\frac{\mathrm{d}y}{\mathrm{d}x}=-\frac{G'_x}{G'_y}=-\frac{F'_u\cdot\frac{1}{x}+F'_v\cdot\left(\frac{1}{y}+\frac{y}{x^2}\right)}{F'_u\cdot\left(-\frac{1}{y}\right)+F'_v\cdot\left(-\frac{x}{y^2}-\frac{1}{x}\right)}$$
$$=-\frac{xy^2F'_u+F'_v\cdot(x^2y+y^3)}{-x^2yF'_u-F'_v\cdot(x^3+xy^2)}$$
$$=\frac{y\cdot[xyF'_u+F'_v\cdot(x^2+y^2)]}{x\cdot[xyF'_u+F'_v\cdot(x^2+y^2)]}=\frac{y}{x}.$$

应选 A.

20. **【答案】** B

【解析】 因为 $f(x,y)$ 在点 $(0,0)$ 处连续，$\lim\limits_{\substack{x\to0\\y\to0}}\frac{f(x,y)-2x-3y}{(x^2+y^2)^{\alpha}}=1$，且 $\alpha>0$，所以
$$f(0,0)=\lim_{\substack{x\to0\\y\to0}}f(x,y)=0.$$

于是，
$$\lim_{\substack{x\to0\\y\to0}}\frac{f(x,y)-f(0,0)-[2(x-0)+3(y-0)]}{\sqrt{x^2+y^2}}$$
$$=\lim_{\substack{x\to0\\y\to0}}\frac{f(x,y)-2x-3y}{\sqrt{x^2+y^2}}$$
$$=\lim_{\substack{x\to0\\y\to0}}\frac{f(x,y)-2x-3y}{(x^2+y^2)^{\alpha}}\cdot\lim_{\substack{x\to0\\y\to0}}(x^2+y^2)^{\alpha-\frac{1}{2}}$$
$$=\lim_{\substack{x\to0\\y\to0}}(x^2+y^2)^{\alpha-\frac{1}{2}},$$

由于 $\lim\limits_{\substack{x\to0\\y\to0}}(x^2+y^2)^{\alpha-\frac{1}{2}}=0\Leftrightarrow\alpha>\frac{1}{2}$，而 $f(x,y)$ 在点 $(0,0)$ 处可微的充分必要条件是 $\lim\limits_{\substack{x\to0\\y\to0}}\frac{f(x,y)-f(0,0)-[2(x-0)+3(y-0)]}{\sqrt{x^2+y^2}}=0$，故 $f(x,y)$ 在点 $(0,0)$ 处可微的充分必要条件是 $\alpha>\frac{1}{2}$. 应选 B.

21. **【答案】** E

【解析】 令 $L(x,y,z,\lambda)=x^my^nz^p+\lambda(x+y+z-1)$，由
$$\begin{cases}L'_x=mx^{m-1}y^nz^p+\lambda=0,\\L'_y=nx^my^{n-1}z^p+\lambda=0,\\L'_z=px^my^nz^{p-1}+\lambda=0,\\L'_\lambda=x+y+z-1=0,\end{cases}$$

解得 $x=\frac{m}{m+n+p}$，$y=\frac{n}{m+n+p}$，$z=\frac{p}{m+n+p}$.

故函数 $f(x,y,z)=x^my^nz^p$ 在约束条件 $x+y+z=1(x>0,y>0,z>0)$ 下的最大值为

$$f\left(\frac{m}{m+n+p},\frac{n}{m+n+p},\frac{p}{m+n+p}\right)=\left(\frac{m}{m+n+p}\right)^m\left(\frac{n}{m+n+p}\right)^n\left(\frac{p}{m+n+p}\right)^p$$
$$=\frac{m^m n^n p^p}{(m+n+p)^{m+n+p}}.$$

应选 E.

22.【答案】B

【解析】$\begin{vmatrix}3a_{11} & 2a_{11}-4a_{12} & 2a_{12}+a_{13}\\3a_{21} & 2a_{21}-4a_{22} & 2a_{22}+a_{23}\\3a_{31} & 2a_{31}-4a_{32} & 2a_{32}+a_{33}\end{vmatrix}=\begin{vmatrix}3a_{11} & -4a_{12} & 2a_{12}+a_{13}\\3a_{21} & -4a_{22} & 2a_{22}+a_{23}\\3a_{31} & -4a_{32} & 2a_{32}+a_{33}\end{vmatrix}$

$$=\begin{vmatrix}3a_{11} & -4a_{12} & a_{13}\\3a_{21} & -4a_{22} & a_{23}\\3a_{31} & -4a_{32} & a_{33}\end{vmatrix}=-12\begin{vmatrix}a_{11} & a_{12} & a_{13}\\a_{21} & a_{22} & a_{23}\\a_{31} & a_{32} & a_{33}\end{vmatrix}=-12m.$$

应选 B.

23.【答案】A

【解析】$\begin{vmatrix}1 & 1 & 1 & \cdots & 1\\1 & 1-x & 1 & \cdots & 1\\1 & 1 & 2-x & \cdots & 1\\\vdots & \vdots & \vdots & & \vdots\\1 & 1 & 1 & \cdots & (n-1)-x\end{vmatrix}=\begin{vmatrix}1 & 1 & 1 & \cdots & 1\\0 & -x & 0 & \cdots & 0\\0 & 0 & 1-x & \cdots & 0\\\vdots & \vdots & \vdots & & \vdots\\0 & 0 & 0 & \cdots & n-2-x\end{vmatrix}$

$$=(-x)(1-x)(2-x)\cdots(n-2-x)=(-1)^{n-1}x(x-1)(x-2)\cdots[x-(n-2)].$$

应选 A.

24.【答案】C

【解析】因为$\boldsymbol{A}^{-1}=\boldsymbol{A}^{\mathrm{T}}$,所以 $|\boldsymbol{A}|=|\boldsymbol{A}^{\mathrm{T}}|=|\boldsymbol{A}^{-1}|=|\boldsymbol{A}|^{-1}$,又$|\boldsymbol{A}|<0$,所以$|\boldsymbol{A}|=-1$.于是,

$$|\boldsymbol{A}+\boldsymbol{E}|=|\boldsymbol{A}+\boldsymbol{A}\boldsymbol{A}^{\mathrm{T}}|=|\boldsymbol{A}(\boldsymbol{E}+\boldsymbol{A}^{\mathrm{T}})|=|\boldsymbol{A}|\,|(\boldsymbol{E}+\boldsymbol{A})^{\mathrm{T}}|=|\boldsymbol{A}|\,|\boldsymbol{E}+\boldsymbol{A}|=-|\boldsymbol{A}+\boldsymbol{E}|.$$

故$|\boldsymbol{A}+\boldsymbol{E}|=0$. 应选 C.

25.【答案】B

【解析】由$\boldsymbol{A}^2\boldsymbol{B}+\boldsymbol{A}-\boldsymbol{B}=\boldsymbol{E}$ 得$(\boldsymbol{A}^2-\boldsymbol{E})\boldsymbol{B}=-(\boldsymbol{A}-\boldsymbol{E})$. 显然 $\boldsymbol{A}-\boldsymbol{E}$ 可逆,故$(\boldsymbol{A}+\boldsymbol{E})\boldsymbol{B}=-\boldsymbol{E}$,从而$|\boldsymbol{B}|=\frac{1}{|\boldsymbol{A}+\boldsymbol{E}|}$. 故$|\boldsymbol{AB}|=|\boldsymbol{A}|\,|\boldsymbol{B}|=\frac{|\boldsymbol{A}|}{|\boldsymbol{A}+\boldsymbol{E}|}=\frac{-2}{4}=-\frac{1}{2}$. 应选 B.

26.【答案】A

【解析】因为 $\boldsymbol{A}$ 为 4×5 矩阵,且 $r(\boldsymbol{A})=4$,所以齐次线性方程组 $\boldsymbol{Ax}=\boldsymbol{0}$ 的基础解系所含解向量的个数为 $5-r(\boldsymbol{A})=5-4=1$. 因为 $\boldsymbol{\alpha}_1,\boldsymbol{\alpha}_2$ 是非齐次线性方程组 $\boldsymbol{Ax}=\boldsymbol{b}$ 的两个不同解,所以 $\boldsymbol{\alpha}_1-\boldsymbol{\alpha}_2$ 是齐次线性方程组 $\boldsymbol{Ax}=\boldsymbol{0}$ 的非零解,从而 $\boldsymbol{\alpha}_1-\boldsymbol{\alpha}_2$ 是 $\boldsymbol{Ax}=\boldsymbol{0}$ 的一个基础解系. 于是,方程组 $\boldsymbol{Ax}=\boldsymbol{b}$ 的通解为 $k(\boldsymbol{\alpha}_1-\boldsymbol{\alpha}_2)+\boldsymbol{\alpha}_1=(k+1)\boldsymbol{\alpha}_1-k\boldsymbol{\alpha}_2$. 应选 A.

27.【答案】 C

【解析】 对矩阵$(\boldsymbol{\alpha}_1,\boldsymbol{\alpha}_2,\boldsymbol{\alpha}_3)$与$(\boldsymbol{\beta}_1,\boldsymbol{\beta}_2,\boldsymbol{\beta}_3)$作初等行变换：

$$(\boldsymbol{\alpha}_1,\boldsymbol{\alpha}_2,\boldsymbol{\alpha}_3)=\begin{pmatrix}1&-2&1\\2&t-5&4\\3&-5&4\end{pmatrix}\to\begin{pmatrix}1&-2&1\\0&t-1&2\\0&1&1\end{pmatrix}\to\begin{pmatrix}1&-2&1\\0&1&1\\0&0&3-t\end{pmatrix},$$

$$(\boldsymbol{\beta}_1,\boldsymbol{\beta}_2,\boldsymbol{\beta}_3)=\begin{pmatrix}1&2&1\\-2&1&t\\3&t&0\end{pmatrix}\to\begin{pmatrix}1&2&1\\0&5&t+2\\0&t-6&-3\end{pmatrix}\to\begin{pmatrix}1&2&1\\0&5&t+2\\0&0&(t-1)(t-3)\end{pmatrix},$$

可得 $3\geqslant r(\boldsymbol{\alpha}_1,\boldsymbol{\alpha}_2,\boldsymbol{\alpha}_3)\geqslant 2,3\geqslant r(\boldsymbol{\beta}_1,\boldsymbol{\beta}_2,\boldsymbol{\beta}_3)\geqslant 2$. 由 $r(\boldsymbol{\alpha}_1,\boldsymbol{\alpha}_2,\boldsymbol{\alpha}_3)>r(\boldsymbol{\beta}_1,\boldsymbol{\beta}_2,\boldsymbol{\beta}_3)$知，$r(\boldsymbol{\alpha}_1,\boldsymbol{\alpha}_2,\boldsymbol{\alpha}_3)=3,r(\boldsymbol{\beta}_1,\boldsymbol{\beta}_2,\boldsymbol{\beta}_3)=2$. 于是，$\begin{cases}3-t\neq 0,\\(t-1)(t-3)=0,\end{cases}$ 从而 $t=1$. 应选 C.

28.【答案】 E

【解析】 原方程组的系数行列式为

$$|\boldsymbol{A}|=\begin{vmatrix}a_1+b&a_2&a_3&\cdots&a_n\\a_1&a_2+b&a_3&\cdots&a_n\\a_1&a_2&a_3+b&\cdots&a_n\\\vdots&\vdots&\vdots&&\vdots\\a_1&a_2&a_3&\cdots&a_n+b\end{vmatrix}=\begin{vmatrix}\sum\limits_{i=1}^{n}a_i+b&a_2&a_3&\cdots&a_n\\\sum\limits_{i=1}^{n}a_i+b&a_2+b&a_3&\cdots&a_n\\\sum\limits_{i=1}^{n}a_i+b&a_2&a_3+b&\cdots&a_n\\\vdots&\vdots&\vdots&&\vdots\\\sum\limits_{i=1}^{n}a_i+b&a_2&a_3&\cdots&a_n+b\end{vmatrix}$$

$$=\begin{vmatrix}\sum\limits_{i=1}^{n}a_i+b&a_2&a_3&\cdots&a_n\\0&b&0&\cdots&0\\0&0&b&\cdots&0\\\vdots&\vdots&\vdots&&\vdots\\0&0&0&\cdots&b\end{vmatrix}=b^{n-1}\left(\sum_{i=1}^{n}a_i+b\right).$$

故线性方程组 $\boldsymbol{Ax}=\boldsymbol{0}$ 只有零解的充分必要条件是 $\sum\limits_{i=1}^{n}a_i+b\neq 0$ 且 $b\neq 0$. 应选 E.

29.【答案】 B

【解析】 设在一次试验中事件 A 发生的概率为 p，则在 3 次独立重复试验中，事件 A 至少发生一次的概率为 $1-(1-p)^3$. 根据题意，$1-(1-p)^3=\frac{19}{27}$. 故 $p=\frac{1}{3}$. 于是，在 3 次独立重复试验中，事件 A 至少发生两次的概率为 $C_3^2p^2(1-p)+C_3^3p^3=3\times\left(\frac{1}{3}\right)^2\times$

$\frac{2}{3}+\left(\frac{1}{3}\right)^3=\frac{7}{27}$. 应选 B.

30. **【答案】** C

【解析】 因为事件 A,B 互相独立,所以 $A,\overline{B}$ 也互相独立,因而 $P(A\overline{B})=P(A)P(\overline{B})=P(A)[1-P(B)]$. 由 $P(A)=0.4,P(A\overline{B})=0.2$,得 $P(B)=0.5$. 于是,

$$\begin{aligned}P(A+B)&=P(A)+P(B)-P(AB)=P(A)+P(B)-P(A)P(B)\\&=0.4+0.5-0.4\times0.5=0.7.\end{aligned}$$

应选 C.

31. **【答案】** A

【解析】

$$P\{X=1\}=F(1)-F(1^-)=1-\frac{1}{3}=\frac{2}{3},$$

$$P\{X<1\}=P\{X\leqslant1\}-P\{X=1\}=F(1)-P\{X=1\}=1-\frac{2}{3}=\frac{1}{3},$$

$$P\{X>1\}=1-P\{X\leqslant1\}=1-F(1)=1-1=0.$$

应选 A.

32. **【答案】** C

【解析】 因为 $P\{|X-2|\leqslant1\}=P\left\{0\leqslant\frac{X-1}{\sigma}\leqslant\frac{2}{\sigma}\right\}=\Phi\left(\frac{2}{\sigma}\right)-\Phi(0)=\Phi\left(\frac{2}{\sigma}\right)-\frac{1}{2}=\frac{1}{5}$,故 $\Phi\left(\frac{2}{\sigma}\right)=\frac{7}{10}$. 于是,

$$P\{|X-1|\leqslant2\}=P\left\{-\frac{2}{\sigma}\leqslant\frac{X-1}{\sigma}\leqslant\frac{2}{\sigma}\right\}=\Phi\left(\frac{2}{\sigma}\right)-\Phi\left(-\frac{2}{\sigma}\right)=2\Phi\left(\frac{2}{\sigma}\right)-1=\frac{2}{5}.$$

应选 C.

33. **【答案】** A

【解析】 由概率密度的性质得

$$\int_{-\infty}^{+\infty}f(x)\mathrm{d}x=\int_0^1ax\,\mathrm{d}x+\int_1^3b(x-1)\mathrm{d}x=\frac{1}{2}a+2b=1.$$

又 $E(X)=\int_{-\infty}^{+\infty}xf(x)\mathrm{d}x=\int_0^1ax^2\mathrm{d}x+\int_1^3b(x^2-x)\mathrm{d}x=\frac{1}{3}a+\frac{14}{3}b=\frac{3}{2}$.

联立两式,解得 $a=1,b=\frac{1}{4}$. 应选 A.

34. **【答案】** B

【解析】 由于 $F(x)$ 为连续型随机变量 X 的分布函数,故 $F(x)$ 为连续函数,从而 $1-\frac{k}{2^3}=0$,则 $k=8,f(x)=F'(x)=\begin{cases}\frac{24}{x^4}, & x\geqslant2,\\0, & x<2.\end{cases}$ 于是,

$$E(X)=\int_{-\infty}^{+\infty}xf(x)\mathrm{d}x=\int_2^{+\infty}\frac{24}{x^3}\mathrm{d}x=-\frac{12}{x^2}\Big|_2^{+\infty}=3,$$

$$E(X^2)=\int_{-\infty}^{+\infty}x^2f(x)\mathrm{d}x=\int_2^{+\infty}\frac{24}{x^2}\mathrm{d}x=-\frac{24}{x}\Big|_2^{+\infty}=12.$$

故 $D(X)=E(X^2)-[E(X)]^2=12-3^2=3=E(X)$. 应选 B.

35.【答案】E

【解析】因为随机变量 X 服从参数为 $\lambda=1$ 的指数分布，所以 X 的概率密度为 $f(x)=\begin{cases}e^{-x}, & x>0,\\ 0, & x\leqslant 0.\end{cases}$ 于是，

$$\begin{aligned}E(Y)&=\int_{-\infty}^{+\infty}xf_Y(x)\mathrm{d}x=\int_{-\infty}^{+\infty}\left[\frac{1}{3}xf(x)+\frac{1}{3}xf\left(\frac{x}{2}\right)\right]\mathrm{d}x\\&=\frac{1}{3}\int_{-\infty}^{+\infty}xf(x)\mathrm{d}x+\frac{1}{3}\int_{-\infty}^{+\infty}xf\left(\frac{x}{2}\right)\mathrm{d}x\\&=\frac{1}{3}\int_0^{+\infty}xe^{-x}\mathrm{d}x+\frac{1}{3}\int_0^{+\infty}xe^{-\frac{x}{2}}\mathrm{d}x\\&=-\frac{1}{3}\int_0^{+\infty}x\mathrm{d}(e^{-x})-\frac{2}{3}\int_0^{+\infty}x\mathrm{d}(e^{-\frac{x}{2}})\\&=-\frac{1}{3}xe^{-x}\Big|_0^{+\infty}+\frac{1}{3}\int_0^{+\infty}e^{-x}\mathrm{d}x-\frac{2}{3}xe^{-\frac{x}{2}}\Big|_0^{+\infty}+\frac{2}{3}\int_0^{+\infty}e^{-\frac{x}{2}}\mathrm{d}x\\&=-\frac{1}{3}e^{-x}\Big|_0^{+\infty}-\frac{4}{3}e^{-\frac{x}{2}}\Big|_0^{+\infty}=\frac{5}{3}.\end{aligned}$$

应选 E.

经济类综合能力数学预测试题(六)解析

1.【答案】B

【解析】
$$\lim_{n\to\infty}(1+a^{-n}+b^{-n})^{\frac{1}{n}}=\lim_{n\to\infty}\left\{a^{-n}\left[a^n+1+\left(\frac{a}{b}\right)^n\right]\right\}^{\frac{1}{n}}$$
$$=a^{-1}\lim_{n\to\infty}\left[a^n+1+\left(\frac{a}{b}\right)^n\right]^{\frac{1}{n}}=a^{-1}.$$

应选 B.

2.【答案】D

【解析】因为 $f(x)$ 为三次多项式,$\lim\limits_{x\to1}\dfrac{f(x)}{x-1}=\lim\limits_{x\to-1}\dfrac{f(x)}{x+1}=1$,故可设 $f(x)=(ax+b)\cdot(x-1)(x+1)$. 再由 $\lim\limits_{x\to1}\dfrac{f(x)}{x-1}=\lim\limits_{x\to-1}\dfrac{f(x)}{x+1}=1$ 得 $\begin{cases}2(a+b)=1,\\-2(-a+b)=1,\end{cases}$ 故 $a=\dfrac{1}{2}$,$b=0$.

于是,$\lim\limits_{x\to\infty}\dfrac{f(x)}{x^3}=\lim\limits_{x\to\infty}\dfrac{\frac{1}{2}x(x-1)(x+1)}{x^3}=\dfrac{1}{2}$. 应选 D.

3.【答案】C

【解析】由题设知,
$$\lim_{x\to\infty}y=\lim_{x\to\infty}x^2\ln\frac{x^2-a}{x^2+a}=\lim_{x\to\infty}x^2\ln\left(1+\frac{-2a}{x^2+a}\right)=\lim_{x\to\infty}\frac{-2ax^2}{x^2+a}=-2a=1,$$
故 $a=-\dfrac{1}{2}$. 应选 C.

4.【答案】C

【解析】$f(x)$ 为初等函数,其定义域为 $(-\infty,-3)\cup(-3,-2)\cup(-2,-1)\cup(-1,0)\cup(0,+\infty)$,故函数 $f(x)$ 的间断点为 $x=-3,-2,-1,0$. 因为
$$\lim_{x\to-3}f(x)=\lim_{x\to-3}\frac{x+3}{x\ln|x+2|}=\lim_{x\to-3}\frac{x+3}{x\ln(-x-2)}$$
$$=\lim_{x\to-3}\frac{x+3}{x\ln[1+(-x-3)]}$$
$$=\lim_{x\to-3}\frac{x+3}{x(-x-3)}=\frac{1}{3},$$
$$\lim_{x\to-2}f(x)=\lim_{x\to-2}\frac{x+3}{x\ln|x+2|}=0,$$
$$\lim_{x\to-1}f(x)=\lim_{x\to-1}\frac{x+3}{x\ln|x+2|}=\infty,$$
$$\lim_{x\to0}f(x)=\lim_{x\to0}\frac{x+3}{x\ln|x+2|}=\infty,$$

所以 $x=-3,-2$ 为可去间断点，属于第一类间断点，而 $x=-1,0$ 为无穷间断点，属于第二类间断点. 因此，函数 $f(x)$ 的第一类间断点的个数为 2. 应选 C.

5.【答案】C

【解析】由于

$$\lim_{x\to\infty}\left[\sqrt[3]{1-2x^2+x^3}-(-ax-b)\right]=\lim_{x\to\infty}\left[ax+b+\sqrt[3]{1-2x^2+x^3}\right]=0,$$

故直线 $y=-ax-b$ 是曲线 $y=\sqrt[3]{1-2x^2+x^3}$ 的渐近线. 于是，

$$-a=\lim_{x\to\infty}\frac{\sqrt[3]{1-2x^2+x^3}}{x}=\lim_{x\to\infty}\sqrt[3]{\frac{1}{x^3}-\frac{2}{x}+1}=1,$$

$$-b=\lim_{x\to\infty}\left(\sqrt[3]{1-2x^2+x^3}-x\right)=\lim_{x\to\infty}x\left(\sqrt[3]{1+\frac{1-2x^2}{x^3}}-1\right)$$

$$=\lim_{x\to\infty}\left(x\cdot\frac{1-2x^2}{3x^3}\right)=-\frac{2}{3}.$$

故 $a=-1,b=\frac{2}{3}$，从而 $a+b=-\frac{1}{3}$. 应选 C.

6.【答案】C

【解析】由 $e^y-x(y+1)-1=0$ 两边对 x 求导得

$$e^y y'-(y+1)-xy'=0, \qquad ①$$

上式两边再对 x 求导得

$$e^y(y')^2+e^y y''-2y'-xy''=0, \qquad ②$$

由原方程得 $y(0)=0$. 将 $x=0,y(0)=0$ 代入式 ① 得 $y'(0)=1$. 将 $x=0,y(0)=0$，$y'(0)=1$ 代入式 ② 得 $y''(0)=1$. 于是，

$$\lim_{x\to0}\frac{y(x)-x}{x^2}=\lim_{x\to0}\frac{y'(x)-1}{2x}=\lim_{x\to0}\frac{y''(x)}{2}=\frac{y''(0)}{2}=\frac{1}{2}.$$

应选 C.

7.【答案】E

【解析】因为

$$[f(2x+1)]^{(n)}=2^n f^{(n)}(2x+1),$$

$$(xe^{-2x})^{(n)}=\sum_{k=0}^{n}C_n^k(x)^{(k)}(e^{-2x})^{(n-k)}=x(-2)^n e^{-2x}+n(-2)^{n-1}e^{-2x}$$
$$=(-1)^{n-1}2^{n-1}e^{-2x}(n-2x),$$

所以 $f^{(n)}(2x+1)=\frac{1}{2^n}(xe^{-2x})^{(n)}=(-1)^{n-1}e^{-2x}\left(\frac{n}{2}-x\right)$. 应选 E.

8.【答案】E

【解析】令 $f(x)=x^3+ax+b$，则 $f(+\infty)=+\infty$，从而存在 $x_0>0$，使 $f(x_0)>0$. 又 $f(0)=b<0$，由零点定理，函数 $f(x)$ 在 $(0,+\infty)$ 内至少有一个零点. 又 $f'(x)=3x^2+a>0$，故函数 $f(x)$ 在 $(-\infty,+\infty)$ 内单调增加，所以函数 $f(x)$ 至多有一个零点. 因此，方

程 $x^3+ax+b=0$ 只有一个正实根.应选 E.

9.【答案】A

【解析】当 $x>0$ 时,$x-\frac{a}{x^3}\geqslant 4\Leftrightarrow a\leqslant x^4-4x^3$.令 $f(x)=x^4-4x^3$,则 $f'(x)=4x^3-12x^2$,令 $f'(x)=0$ 得 $f(x)$ 在 $(0,+\infty)$ 内的唯一驻点:$x=3$.因为 $f''(3)=36>0$,所以 $\min\limits_{x\in(0,+\infty)}f(x)=f(3)=-27$.于是,常数 a 的最大取值为 -27.应选 A.

10.【答案】E

【解析】由 $f''(x)+f(x)f'(x)=\sin x$ 得 $f''(x)=\sin x-f(x)f'(x)$,故 $f''(x)$ 可导,且 $f'''(x)=\cos x-[f'(x)]^2-f(x)f''(x)$.由于 $f'(0)=0$,故 $f''(0)=0$,$f'''(0)=1\neq 0$.因此,点 $(0,f(0))$ 是曲线 $y=f(x)$ 的拐点.应选 E.

11.【答案】E

【解析】由 $\int f(x)\mathrm{d}x=x\ln x+C$ 得 $\mathrm{d}(x\ln x)=f(x)\mathrm{d}x$.于是,

$$\int xf(x)\mathrm{d}x=\int x\mathrm{d}(x\ln x)=x^2\ln x-\int x\ln x\mathrm{d}x=x^2\ln x-\frac{1}{2}\int \ln x\mathrm{d}(x^2)$$

$$=\frac{1}{2}x^2\ln x+\frac{1}{2}\int x\mathrm{d}x=x^2\left(\frac{1}{4}+\frac{1}{2}\ln x\right)+C.$$

应选 E.

12.【答案】D

【解析】令 $\int_0^1 f(x)\mathrm{d}x=a$,则 $f'(x)=5-6x-a$.由于 $f(0)=0$,因此

$$f(x)=\int_0^x f'(t)\mathrm{d}t=\int_0^x(5-6t-a)\mathrm{d}t=5x-3x^2-ax.$$

于是,$a=\int_0^1(5x-3x^2-ax)\mathrm{d}x=\frac{3}{2}-\frac{1}{2}a$,即 $a=1$,从而 $f(x)=4x-3x^2$.因此,$f(1)=1$.应选 D.

13.【答案】D

【解析】因为 $\int_0^{+\infty}\frac{a}{(1+x^2)^2}\mathrm{d}x\xlongequal{x=\tan t}a\int_0^{\frac{\pi}{2}}\cos^2 t\mathrm{d}t=a\cdot\frac{\pi}{2}\cdot\frac{1}{2}=\frac{\pi a}{4}=\pi$,所以 $a=4$.应选 D.

14.【答案】B

【解析】令 $x=\frac{\pi}{2}-t$,则

$$\int_0^{\frac{\pi}{2}}x[f(\sin x)+f(\cos x)]\mathrm{d}x=-\int_{\frac{\pi}{2}}^0\left(\frac{\pi}{2}-t\right)[f(\cos t)+f(\sin t)]\mathrm{d}t$$

$$=\frac{\pi}{2}\int_0^{\frac{\pi}{2}}[f(\cos x)+f(\sin x)]\mathrm{d}x-\int_0^{\frac{\pi}{2}}x[f(\cos x)+f(\sin x)]\mathrm{d}x,$$

故

$$\int_0^{\frac{\pi}{2}} x[f(\sin x)+f(\cos x)]\mathrm{d}x=\frac{\pi}{4}\int_0^{\frac{\pi}{2}}[f(\sin x)+f(\cos x)]\mathrm{d}x,$$

从而 $k=\frac{\pi}{4}$. 应选 B.

15. **【答案】** D

【解析】 由 $\begin{cases} x=\int_1^t \frac{\cos u}{u}\mathrm{d}u, \\ y=\int_1^t \frac{\sin u}{u}\mathrm{d}u \end{cases}$ 得 $\begin{cases} x'(t)=\frac{\cos t}{t}, \\ y'(t)=\frac{\sin t}{t}. \end{cases}$ 由平面曲线弧长的计算公式,有

$$\int_1^a \sqrt{[x'(t)]^2+[y'(t)]^2}\,\mathrm{d}t=\int_1^a \sqrt{\left(\frac{\cos t}{t}\right)^2+\left(\frac{\sin t}{t}\right)^2}\,\mathrm{d}t=\int_1^a \frac{1}{t}\mathrm{d}t=\ln a=2,$$

故 $a=\mathrm{e}^2$. 应选 D.

16. **【答案】** A

【解析】 易知切线 L 的方程为 $y=-\mathrm{e}x$. 所求面积为

$$A=\int_{-1}^0(\mathrm{e}^{-x}+\mathrm{e}x)\mathrm{d}x+\int_0^{+\infty}\mathrm{e}^{-x}\mathrm{d}x=\left(-\mathrm{e}^{-x}+\frac{\mathrm{e}}{2}x^2\right)\Big|_{-1}^0+(-\mathrm{e}^{-x})\Big|_0^{+\infty}$$

$$=-1+\frac{\mathrm{e}}{2}+1=\frac{\mathrm{e}}{2}.$$

应选 A.

17. **【答案】** E

【解析】 曲线 $y=\sqrt{x}$ 与直线 $y=ax$ 的交点坐标为 $(0,0)$ 与 $\left(\frac{1}{a^2},\frac{1}{a}\right)$. 平面图形 D_1 绕 x 轴旋转一周所形成的旋转体体积为

$$V_1=\pi\int_0^{\frac{1}{a^2}}[(\sqrt{x})^2-(ax)^2]\mathrm{d}x=\pi\int_0^{\frac{1}{a^2}}(x-a^2x^2)\mathrm{d}x.$$

平面图形 D_2 绕 x 轴旋转一周所形成的旋转体体积为

$$V_2=\pi\int_{\frac{1}{a^2}}^1[(ax)^2-(\sqrt{x})^2]\mathrm{d}x=\pi\int_{\frac{1}{a^2}}^1(a^2x^2-x)\mathrm{d}x.$$

由 $V_1=V_2$ 得 $\pi\int_0^{\frac{1}{a^2}}(x-a^2x^2)\mathrm{d}x=\pi\int_{\frac{1}{a^2}}^1(a^2x^2-x)\mathrm{d}x$,即

$$\int_0^{\frac{1}{a^2}}(x-a^2x^2)\mathrm{d}x+\int_{\frac{1}{a^2}}^1(x-a^2x^2)\mathrm{d}x=\int_0^1(x-a^2x^2)\mathrm{d}x=\frac{1}{2}-\frac{1}{3}a^2=0,$$

故 $a=\sqrt{\frac{3}{2}}$. 应选 E.

18. **【答案】** B

【解析】 由 $f(x,2x)=x$ 两边对 x 求导得

$$f'_x(x,2x)\cdot 1+f'_y(x,2x)\cdot 2=1,$$

上式两边再对 x 求导得

$$f''_{xx}(x,2x)\cdot 1+f''_{xy}(x,2x)\cdot 2+2[f''_{yx}(x,2x)\cdot 1+f''_{yy}(x,2x)\cdot 2]=0.$$

由$\frac{\partial^2 f}{\partial x^2}=\frac{\partial^2 f}{\partial y^2}$,再注意到$\frac{\partial^2 f}{\partial x\partial y}=\frac{\partial^2 f}{\partial y\partial x}$,得 $f''_{xx}(x,2x)=-\frac{4}{5}f''_{xy}(x,2x)$. 应选 B.

19. **【答案】** D

【解析】

$$\frac{\partial z}{\partial x}=\frac{\partial z}{\partial u}+\frac{\partial z}{\partial v},\frac{\partial z}{\partial y}=-3\frac{\partial z}{\partial u}+a\frac{\partial z}{\partial v},$$

$$\frac{\partial^2 z}{\partial x^2}=\frac{\partial^2 z}{\partial u^2}+2\frac{\partial^2 z}{\partial u\partial v}+\frac{\partial^2 z}{\partial v^2},$$

$$\frac{\partial^2 z}{\partial x\partial y}=-3\frac{\partial^2 z}{\partial u^2}+(a-3)\frac{\partial^2 z}{\partial u\partial v}+a\frac{\partial^2 z}{\partial v^2},$$

$$\frac{\partial^2 z}{\partial y^2}=9\frac{\partial^2 z}{\partial u^2}-6a\frac{\partial^2 z}{\partial u\partial v}+a^2\frac{\partial^2 z}{\partial v^2}.$$

由 $6\frac{\partial^2 z}{\partial x^2}-\frac{\partial^2 z}{\partial x\partial y}-\frac{\partial^2 z}{\partial y^2}=0$ 得

$$(5a+15)\frac{\partial^2 z}{\partial u\partial v}+(6-a-a^2)\frac{\partial^2 z}{\partial v^2}=0.$$

由题设得$\begin{cases}5a+15\neq 0,\\ 6-a-a^2=0,\end{cases}$ 故 $a=2$. 应选 D.

20. **【答案】** A

【解析】 令 $F(x,y,z)=\Phi(3x-2z,2y-3z)$,则 $F'_x=3\Phi'_u$,$F'_y=2\Phi'_v$,$F'_z=-2\Phi'_u-3\Phi'_v$.
于是,

$$\frac{\partial z}{\partial x}=-\frac{F'_x}{F'_z}=-\frac{3\Phi'_u}{-2\Phi'_u-3\Phi'_v}=\frac{3\Phi'_u}{2\Phi'_u+3\Phi'_v},$$

$$\frac{\partial z}{\partial y}=-\frac{F'_y}{F'_z}=-\frac{2\Phi'_v}{-2\Phi'_u-3\Phi'_v}=\frac{2\Phi'_v}{2\Phi'_u+3\Phi'_v}.$$

故

$$a\frac{\partial z}{\partial x}+b\frac{\partial z}{\partial y}=\frac{3a\Phi'_u}{2\Phi'_u+3\Phi'_v}+\frac{2b\Phi'_v}{2\Phi'_u+3\Phi'_v}=\frac{3a\Phi'_u+2b\Phi'_v}{2\Phi'_u+3\Phi'_v}.$$

若 $a\frac{\partial z}{\partial x}+b\frac{\partial z}{\partial y}=1$,则 $a=\frac{2}{3}$,$b=\frac{3}{2}$. 应选 A.

21. **【答案】** C

【解析】 令

$$L(x,y,z,\lambda)=x\ln x+y\ln y+z\ln z+\lambda(x+y+z-1),$$

由$\begin{cases}L'_x=\ln x+1+\lambda=0,\\ L'_y=\ln y+1+\lambda=0,\\ L'_z=\ln z+1+\lambda=0,\\ L'_\lambda=x+y+z=1\end{cases}$解得 $x=y=z=\frac{1}{3}$. 故函数 $f(x,y,z)=x^x y^y z^z$ 在条件

$x+y+z=1(x>0,y>0,z>0)$ 下的最小值为 $f\left(\frac{1}{3},\frac{1}{3},\frac{1}{3}\right)=\left(\frac{1}{3}\right)^{\frac{1}{3}}\cdot\left(\frac{1}{3}\right)^{\frac{1}{3}}\cdot$

$\left(\frac{1}{3}\right)^{\frac{1}{3}}=\frac{1}{3}$. 应选 C.

22. **【答案】** A

【解析】 $\begin{vmatrix}1&-1&1&x-1\\1&-1&x+1&-1\\1&x-1&1&-1\\x+1&-1&1&-1\end{vmatrix}=\begin{vmatrix}x&-1&1&x-1\\x&-1&x+1&-1\\x&x-1&1&-1\\x&-1&1&-1\end{vmatrix}=\begin{vmatrix}x&-1&1&x-1\\0&0&x&-x\\0&x&0&-x\\0&0&0&-x\end{vmatrix}$

$$=-\begin{vmatrix}x&-1&1&x-1\\0&x&0&-x\\0&0&x&-x\\0&0&0&-x\end{vmatrix}=x^4.$$

应选 A.

23. **【答案】** A

【解析】 $f(x)=\begin{vmatrix}1&1&1&1\\1&2&4&8\\1&x&x^2&x^3\\1&3&9&27\end{vmatrix}=\begin{vmatrix}1&1&1&1\\1&2&x&3\\1&2^2&x^2&3^2\\1&2^3&x^3&3^3\end{vmatrix}$ 为范德蒙德行列式,故

$f(x)=(2-1)(x-1)(3-1)(x-2)(3-2)(3-x)=-2(x-1)(x-2)(x-3)$,

其中,x 的系数为 -22. 应选 A.

24. **【答案】** E

【解析】 由于 $\boldsymbol{A}^2=\left[\frac{1}{2}(\boldsymbol{B}+\boldsymbol{E})\right]^2=\frac{1}{4}(\boldsymbol{B}^2+2\boldsymbol{B}+\boldsymbol{E})$,因此

$$\boldsymbol{A}^2=\boldsymbol{A}\Leftrightarrow\frac{1}{4}(\boldsymbol{B}^2+2\boldsymbol{B}+\boldsymbol{E})=\frac{1}{2}(\boldsymbol{B}+\boldsymbol{E})\Leftrightarrow\boldsymbol{B}^2=\boldsymbol{E}.$$

应选 E.

25. **【答案】** A

【解析】 由 $\boldsymbol{A}^2\boldsymbol{B}+2\boldsymbol{A}-\boldsymbol{B}=2\boldsymbol{E}$ 得 $(\boldsymbol{A}^2-\boldsymbol{E})\boldsymbol{B}=-2(\boldsymbol{A}-\boldsymbol{E})$. 显然 $\boldsymbol{A}-\boldsymbol{E}$ 可逆,故 $(\boldsymbol{A}+\boldsymbol{E})\boldsymbol{B}=-2\boldsymbol{E}$,从而 $|\boldsymbol{B}|=\frac{-8}{|\boldsymbol{A}+\boldsymbol{E}|}=-\frac{8}{12}=-\frac{2}{3}$. 应选 A.

26. **【答案】** A

【解析】 由 $r(\boldsymbol{A}^*)=1$ 得 $r(\boldsymbol{A})=4-1=3$,从而齐次线性方程组 $\boldsymbol{A}\boldsymbol{x}=\boldsymbol{0}$ 的基础解系所含解向量的个数为 $4-r(\boldsymbol{A})=1$. 因为 $\boldsymbol{\alpha}_1,\boldsymbol{\alpha}_2$ 是非齐次线性方程组 $\boldsymbol{A}\boldsymbol{x}=\boldsymbol{b}$ 的两个不同解,所以 $\boldsymbol{\alpha}_1-\boldsymbol{\alpha}_2$ 是齐次线性方程组 $\boldsymbol{A}\boldsymbol{x}=\boldsymbol{0}$ 的非零解,从而 $\boldsymbol{\alpha}_1-\boldsymbol{\alpha}_2$ 是 $\boldsymbol{A}\boldsymbol{x}=\boldsymbol{0}$ 的一个基础解系. 必须注意,虽然 $\boldsymbol{\alpha}_1+\boldsymbol{\alpha}_2-2\boldsymbol{\alpha}_3$ 是方程组 $\boldsymbol{A}\boldsymbol{x}=\boldsymbol{0}$ 的解,但当 $\boldsymbol{\alpha}_3=\frac{1}{2}(\boldsymbol{\alpha}_1+\boldsymbol{\alpha}_2)$ 时,$\boldsymbol{\alpha}_1+\boldsymbol{\alpha}_2-2\boldsymbol{\alpha}_3$ 是方程组 $\boldsymbol{A}\boldsymbol{x}=\boldsymbol{0}$ 的零解. 故选项 B 应排除. 而选项 C 中的 $\frac{1}{3}(\boldsymbol{\alpha}_1+\boldsymbol{\alpha}_2+\boldsymbol{\alpha}_3)$ 是非齐次

线性方程组$\boldsymbol{Ax}=\boldsymbol{b}$的解，因而它一定不是齐次方程组 $\boldsymbol{Ax}=\boldsymbol{0}$ 的解. 故选项 C 也应排除. 应选 A.

27. **【答案】** B

【解析】 对矩阵$(\boldsymbol{\alpha}_1,\boldsymbol{\alpha}_2,\boldsymbol{\alpha}_3)$作初等行变换：

$$(\boldsymbol{\alpha}_1,\boldsymbol{\alpha}_2,\boldsymbol{\alpha}_3)=\begin{pmatrix}2&-1&k-4\\-1&k&1\\1&2&-1\end{pmatrix}\to\begin{pmatrix}1&2&-1\\-1&k&1\\2&-1&k-4\end{pmatrix}\to\begin{pmatrix}1&2&-1\\0&k+2&0\\0&-5&k-2\end{pmatrix}$$

$$\to\begin{pmatrix}1&2&-1\\0&-5&k-2\\0&k+2&0\end{pmatrix}\to\begin{pmatrix}1&2&-1\\0&-5&k-2\\0&0&k^2-4\end{pmatrix}.$$

由向量组 $\boldsymbol{\alpha}_1,\boldsymbol{\alpha}_2,\boldsymbol{\alpha}_3$ 线性相关得 $k=2$ 或 $k=-2$. 当 $k=2$ 时，$\boldsymbol{\alpha}_3=-\boldsymbol{\alpha}_1$，$\boldsymbol{\alpha}_1,\boldsymbol{\alpha}_3$ 线性相关，与题意不符. 当 $k=-2$ 时，向量组 $\boldsymbol{\alpha}_1,\boldsymbol{\alpha}_2,\boldsymbol{\alpha}_3$ 中任意两个向量均线性无关. 故 $k=-2$. 应选 B.

28. **【答案】** B

【解析】 对方程组的增广矩阵作初等行变换，将第 1 行与第 3 行分别乘以(-1) 后，再将每行均加到第 4 行，得

$$\left(\begin{array}{cccc:c}1&1&0&0&b_1\\0&1&1&0&b_2\\0&0&1&1&b_3\\1&0&0&1&b_4\end{array}\right)\xrightarrow[i=1,3]{r_i\cdot(-1)^i}\left(\begin{array}{cccc:c}-1&-1&0&0&-b_1\\0&1&1&0&b_2\\0&0&-1&-1&-b_3\\1&0&0&1&b_4\end{array}\right)$$

$$\xrightarrow[r_4+r_i]{i=1,2,3}\left(\begin{array}{cccc:c}1&1&0&0&b_1\\0&1&1&0&b_2\\0&0&1&1&b_3\\0&0&0&0&\sum\limits_{i=1}^{4}(-1)^i b_i\end{array}\right).$$

故当 $-b_1+b_2-b_3+b_4=0$，即 $b_1-b_2+b_3-b_4=0$ 时，原方程组有解. 应选 B.

29. **【答案】** C

【解析】 由 $P(\overline{A}|B)=P(\overline{A}|\overline{B})$ 得 $P(A|B)=P(A|\overline{B})$，即 $\dfrac{P(AB)}{P(B)}=\dfrac{P(A\overline{B})}{P(\overline{B})}=\dfrac{P(A)-P(AB)}{1-P(B)}$，也即

$$P(AB)[1-P(B)]=P(B)[P(A)-P(AB)],$$

得 $P(AB)=P(A)P(B)$. 故 A 与 B 互相独立. 应选 C.

30. **【答案】** D

【解析】 由题设，$P(BC)=0$，$P(\overline{A}\,\overline{B})=0.4$，$P(C\overline{A})=0.1$，故事件 A,B,C 至少有一个

发生的概率为

$$\begin{aligned}P(A\cup B\cup C)&=P(A)+P(B)+P(C)-P(AB)-P(BC)-P(AC)+P(ABC)\\&=P(A)+P(B)+P(C)-P(AB)-P(AC)=P(A\cup B)+P(C\overline{A})\\&=1-P(\overline{A\cup B})+P(C\overline{A})=1-P(\overline{A}\overline{B})+P(C\overline{A})=1-0.4+0.1=0.7.\end{aligned}$$

应选 D.

31. **【答案】** E

【解析】 因为 $X\sim N(1,\sigma^2)$，所以$\dfrac{X-1}{\sigma}\sim N(0,1)$，则

$$\begin{aligned}p_1&=P\{|X|\leqslant 1\}=P\left\{-\frac{2}{\sigma}\leqslant\frac{X-1}{\sigma}\leqslant 0\right\}=\Phi(0)-\Phi\left(-\frac{2}{\sigma}\right)\\&=\frac{1}{2}-\left[1-\Phi\left(\frac{2}{\sigma}\right)\right]=\Phi\left(\frac{2}{\sigma}\right)-\frac{1}{2},\end{aligned}$$

$$p_2=P\{|X-2|\leqslant 1\}=P\left\{0\leqslant\frac{X-1}{\sigma}\leqslant\frac{2}{\sigma}\right\}=\Phi\left(\frac{2}{\sigma}\right)-\Phi(0)=\Phi\left(\frac{2}{\sigma}\right)-\frac{1}{2},$$

$$p_3=P\{|X-1|\leqslant 2\}=P\left\{-\frac{2}{\sigma}\leqslant\frac{X-1}{\sigma}\leqslant\frac{2}{\sigma}\right\}=\Phi\left(\frac{2}{\sigma}\right)-\Phi\left(-\frac{2}{\sigma}\right)=2\Phi\left(\frac{2}{\sigma}\right)-1.$$

故 $p_1=p_2=\dfrac{1}{2}p_3$. 应选 E.

32. **【答案】** D

【解析】 由概率密度的性质，有$\displaystyle\int_{-\infty}^{+\infty}f(x)\mathrm{d}x=\int_0^{\frac{a}{2}}ax\mathrm{d}x=\frac{a^3}{8}=1$，所以 $a=2$，从而

$$f(x)=\begin{cases}2x, & 0\leqslant x\leqslant 1,\\0, & \text{其他},\end{cases}$$

于是，

$$P\left\{X>\frac{a}{4}\right\}=P\left\{X>\frac{1}{2}\right\}=\int_{\frac{1}{2}}^{1}2x\mathrm{d}x=\frac{3}{4}.$$

应选 D.

33. **【答案】** C

【解析】 由于 $X\sim B\left(4,\dfrac{3}{4}\right)$，因此 X 的概率分布为

$$P\{X=k\}=\mathrm{C}_4^k\left(\frac{3}{4}\right)^k\left(\frac{1}{4}\right)^{4-k}(k=0,1,2,3,4).$$

由 $E(X)=4\times\dfrac{3}{4}=3$，得

$$P\{X\leqslant E(X)\}=P\{X\leqslant 3\}=1-P\{X=4\}=1-\mathrm{C}_4^4\cdot\left(\frac{3}{4}\right)^4=\frac{175}{256}.$$

应选 C.

34.【答案】B

【解析】由于

$$E(X)=\int_{-\infty}^{+\infty}xf(x)\mathrm{d}x=\int_0^{\frac{\pi}{2}}x\cos x\mathrm{d}x=\int_0^{\frac{\pi}{2}}x\mathrm{d}(\sin x)$$

$$=x\sin x\Big|_0^{\frac{\pi}{2}}-\int_0^{\frac{\pi}{2}}\sin x\mathrm{d}x=\frac{\pi}{2}-1,$$

$$E(X^2)=\int_{-\infty}^{+\infty}x^2f(x)\mathrm{d}x=\int_0^{\frac{\pi}{2}}x^2\cos x\mathrm{d}x=\int_0^{\frac{\pi}{2}}x^2\mathrm{d}(\sin x)=x^2\sin x\Big|_0^{\frac{\pi}{2}}-2\int_0^{\frac{\pi}{2}}x\sin x\mathrm{d}x$$

$$=\frac{\pi^2}{4}+2\int_0^{\frac{\pi}{2}}x\mathrm{d}(\cos x)=\frac{\pi^2}{4}+2x\cos x\Big|_0^{\frac{\pi}{2}}-2\int_0^{\frac{\pi}{2}}\cos x\mathrm{d}x=\frac{\pi^2}{4}-2,$$

$$D(X)=E(X^2)-[E(X)]^2=\frac{\pi^2}{4}-2-\left(\frac{\pi}{2}-1\right)^2=\pi-3.$$

故

$$E(aX+b)=aE(X)+b=\frac{a}{2}\pi-a+b,D(aX+b)=a^2D(X)=a^2(\pi-3).$$

由 $E(aX+b)=\pi+1,D(aX+b)=4\pi-12$ 得 $\begin{cases}\frac{a}{2}\pi-a+b=\pi+1,\\ a^2(\pi-3)=4\pi-12,\end{cases}$ 故 $a=2,b=3$.

应选 B.

35.【答案】B

【解析】因为随机变量 X 服从区间$[2,4]$上的均匀分布，所以 X 的概率密度为 $f(x)=\begin{cases}\frac{1}{2}, & 2<x<4,\\ 0, & \text{其他},\end{cases}$ 从而 $f(2x)=\begin{cases}\frac{1}{2}, & 1<x<2,\\ 0, & \text{其他}.\end{cases}$ 于是，

$$E(X)=\int_{-\infty}^{+\infty}xf(x)\mathrm{d}x=\int_2^4\frac{x}{2}\mathrm{d}x=3,$$

$$E(Y)=\int_{-\infty}^{+\infty}xf_Y(x)\mathrm{d}x=\int_{-\infty}^{+\infty}x\left[\frac{2}{3}f(x)+\frac{2}{3}f(2x)\right]\mathrm{d}x$$

$$=\frac{2}{3}\int_{-\infty}^{+\infty}xf(x)\mathrm{d}x+\frac{2}{3}\int_{-\infty}^{+\infty}xf(2x)\mathrm{d}x$$

$$=\frac{2}{3}\int_2^4\frac{1}{2}x\mathrm{d}x+\frac{2}{3}\int_1^2\frac{1}{2}x\mathrm{d}x=\frac{5}{2}.$$

故 $E(Y)=\frac{5}{6}E(X)$. 应选 B.

经济类综合能力数学预测试题(七)解析

1.【答案】D

【解析】令 $x=\frac{1}{t}$,则

$$\lim_{x\to\infty}x^2\left(x\tan\frac{k}{x}-k\right)=\lim_{t\to0}\frac{1}{t^2}\left[\frac{1}{t}\tan(kt)-k\right]=\lim_{t\to0}\frac{\tan(kt)-kt}{t^3}$$

$$=\lim_{t\to0}\frac{k\sec^2(kt)-k}{3t^2}=k\lim_{t\to0}\frac{\sec^2(kt)-1}{3t^2}$$

$$=k\lim_{t\to0}\frac{\tan^2(kt)}{3t^2}=k\lim_{t\to0}\frac{k^2t^2}{3t^2}=\frac{k^3}{3}.$$

又 $\lim\limits_{x\to\infty}x^2\left(x\tan\frac{k}{x}-k\right)=9$,则 $k=3$. 应选 D.

2.【答案】C

【解析】

$$\lim_{x\to\infty}\left[\frac{(x+a)(x-b)}{(x-a)(x+b)}\right]^x=\lim_{x\to\infty}\left[\frac{\left(1+\frac{a}{x}\right)\left(1-\frac{b}{x}\right)}{\left(1-\frac{a}{x}\right)\left(1+\frac{b}{x}\right)}\right]^x=\lim_{x\to\infty}\frac{\left(1+\frac{a}{x}\right)^x\left(1-\frac{b}{x}\right)^x}{\left(1-\frac{a}{x}\right)^x\left(1+\frac{b}{x}\right)^x}$$

$$=\frac{e^a e^{-b}}{e^{-a}e^b}=e^{2(a-b)}.$$

应选 C.

3.【答案】E

【解析】在题设条件下,若 $\lim\limits_{x\to x_0}h(x)$ 与 $\lim\limits_{x\to x_0}g(x)$ 均存在,则由夹逼准则,$\lim\limits_{x\to x_0}f(x)$ 一定存在;若 $\lim\limits_{x\to x_0}h(x)$ 与 $\lim\limits_{x\to x_0}g(x)$ 均不存在,则 $\lim\limits_{x\to x_0}f(x)$ 未必存在. 例如:取 $f(x)=\frac{1}{x}$,$g(x)=\frac{1}{x}-x^2$,$h(x)=\frac{1}{x}+x^2$,则 $g(x)\leqslant f(x)\leqslant h(x)$,且 $\lim\limits_{x\to0}[h(x)-g(x)]=0$,但 $\lim\limits_{x\to0}f(x)=\infty$. 因此,$\lim\limits_{x\to x_0}f(x)$ 不一定存在. 应选 E.

4.【答案】D

【解析】由题设知,$a=-1,b=-e^2$ 或 $a=-e,b=-1$. 若 $a=-e,b=-1$,则 $x=1,x=e$ 都是第二类间断点,与题意不符. 故 $a=-1,b=-e^2$,从而 $ab=e^2$. 应选 D.

5.【答案】A

【解析】设 $g(x)=\frac{(x+2)(x-3)\cdots(x-99)(x+100)}{(x+1)(x-2)\cdots(x+99)(x-100)}$,则 $f(x)=(x-1)g(x)$. 于是,$f'(x)=g(x)+(x-1)g'(x)$. 故 $f'(1)=g(1)=\frac{(-1)^{49}\cdot101\cdot99!}{(-1)^{50}\cdot100!}=-\frac{101}{100}$. 应选 A.

6.【答案】A

【解析】方程 $xe^y+y=1$ 两边对 x 求导,得 $e^y+xe^yy'+y'=0$,故 $y'=-\dfrac{e^y}{xe^y+1}$. 于是,曲线 $xe^y+y=1$ 在点 $(1,0)$ 处的切线斜率为 $k=y'\Big|_{x=1}=-\dfrac{e^y}{xe^y+1}\Big|_{\substack{x=1\\y=0}}=-\dfrac{1}{2}$. 故所求切线方程为 $x+2y-1=0$. 应选 A.

7.【答案】C

【解析】由于 $\lim\limits_{x\to0}\dfrac{f(x)-f(0)}{x-0}=f'(0)>0$,据函数极限的性质,存在 $\delta>0$,使得当 $x\in(-\delta,0)\cup(0,\delta)$ 时,有 $\dfrac{f(x)-f(0)}{x-0}>0$. 故对 $\forall x\in(0,\delta)$,有 $f(x)>f(0)$. 应选 C.

8.【答案】E

【解析】选项 A 中 $f(x)$ 不满足 $f(-1)=f(1)$. 选项 B 中 $f(x)$ 在 $x=0$ 处不可导. 选项 C 中 $f(x)$ 在 $x=0$ 处不连续. 选项 D 中 $f(x)$ 在 $x=1$ 处不连续. 故 A,B,C,D 均应排除. 由于选项 E 中 $f(x)=\begin{cases}x^2, & x\leqslant 0,\\ x^3, & x>0\end{cases}$ 在 $x=0$ 处连续且可导,从而在 $[-1,1]$ 上连续且可导,且 $f(-1)=f(1)$,故 $f(x)=\begin{cases}x^2, & x\leqslant 0,\\ x^3, & x>0\end{cases}$ 在闭区间 $[-1,1]$ 上满足罗尔定理条件. 应选 E.

9.【答案】B

【解析】函数 $f(x)$ 的定义域为 $(-\infty,+\infty)$. 又 $f'(x)=5(x-1)\left(x-\dfrac{7}{5}\right)(x-2)^2$,令 $f'(x)=0$,解得 $x=1,x=\dfrac{7}{5},x=2$. 列表讨论如下:

x	$(-\infty,1)$	$\left(1,\dfrac{7}{5}\right)$	$\left(\dfrac{7}{5},2\right)$	$(2,+\infty)$
$f'(x)$	+	−	+	+
$f(x)$	↗	↘	↗	↗

由表可知,函数 $f(x)$ 在 $x=1$ 处取得极大值,在 $x=\dfrac{7}{5}$ 处取得极小值,在 $x=2$ 处不取极值. 应选 B.

10.【答案】A

【解析】由 $\int f(x)\mathrm{d}x=\sin 2x+C$,得 $f(x)=2\cos 2x$. 于是,

$$\int xf(2x)\mathrm{d}x=\int 2x\cos 4x\mathrm{d}x=\frac{1}{2}\int x\mathrm{d}(\sin 4x)=\frac{1}{2}x\sin 4x-\frac{1}{2}\int \sin 4x\mathrm{d}x$$
$$=\frac{1}{2}x\sin 4x+\frac{1}{8}\cos 4x+C.$$

应选 A.

11.【答案】E

【解析】由于曲线 $y=f(x)$ 与 $y=\sin 2x$ 在点(0,0) 处有公共的切线，故 $f(0)=0$，$f'(0)=2$. 于是，

$$\lim_{x\to 0}F(x)=\lim_{x\to 0}\frac{\int_0^x f(t)\mathrm{d}t}{x^2}=\lim_{x\to 0}\frac{f(x)}{2x}=\lim_{x\to 0}\frac{f(x)-f(0)}{2(x-0)}=\frac{1}{2}f'(0)=1=F(0),$$

故 $x=0$ 是函数 $F(x)$ 的连续点. 应选 E.

12.【答案】D

【解析】令 $x=2+t$，则 $\int_0^4 x\sqrt{4x-x^2}\,\mathrm{d}x=\int_{-2}^2(2+t)\sqrt{4-t^2}\,\mathrm{d}t=4\int_0^2\sqrt{4-t^2}\,\mathrm{d}t+0=4\pi$. 应选 D.

13.【答案】A

【解析】令 $x=n\pi-t$，则

$$\int_0^{n\pi}x|\sin x|\mathrm{d}x=\int_0^{n\pi}(n\pi-t)|\sin t|\mathrm{d}t=n\pi\int_0^{n\pi}|\sin t|\mathrm{d}t-\int_0^{n\pi}t|\sin t|\mathrm{d}t,$$

故 $\int_0^{n\pi}x|\sin x|\mathrm{d}x=\frac{1}{2}n\pi\int_0^{n\pi}|\sin t|\mathrm{d}t=\frac{1}{2}n^2\pi\int_0^{\pi}\sin t\mathrm{d}t=n^2\pi$. 又 $\int_0^{n\pi}x|\sin x|\mathrm{d}x=16\pi$，则 $n=4$. 应选 A.

14.【答案】E

【解析】

$$\int_1^{+\infty}\frac{1}{x}\mathrm{d}x=\ln x\Big|_1^{+\infty}=+\infty,\int_1^{+\infty}\frac{1}{\sqrt{x}}\mathrm{d}x=2\sqrt{x}\Big|_1^{+\infty}=+\infty,$$

$$\int_1^{+\infty}\frac{x}{1+x^2}\mathrm{d}x=\frac{1}{2}\ln(1+x^2)\Big|_1^{+\infty}=+\infty,$$

$$\int_1^{+\infty}\frac{1+x}{1+x^2}\mathrm{d}x=\left[\arctan x+\frac{1}{2}\ln(1+x^2)\right]\Big|_1^{+\infty}=+\infty,$$

$$\int_1^{+\infty}\frac{1+x}{x^3}\mathrm{d}x=\int_1^{+\infty}\left(\frac{1}{x^3}+\frac{1}{x^2}\right)\mathrm{d}x=\left(-\frac{1}{2x^2}-\frac{1}{x}\right)\Big|_1^{+\infty}=\frac{3}{2}.$$

故 $\int_1^{+\infty}\frac{1+x}{x^3}\mathrm{d}x$ 收敛. 应选 E.

15.【答案】E

【解析】易知 $y=2x$ 和 $y=-2x$ 是曲线 $y=x^2+1$ 的过原点的两条切线，且切点分别为(1,2)，(−1,2)，故曲线 $y=x^2+1$ 与 $y=2|x|$ 所围平面图形绕 x 轴旋转一周所得旋转体的体积为

$$V=2\int_0^1\pi[(x^2+1)^2-(2x)^2]\mathrm{d}x=2\pi\int_0^1(x^4-2x^2+1)\mathrm{d}x=\frac{16}{15}\pi.$$

应选 E.

16.【答案】C

【解析】易知切线 L 的方程为 $y=2x+1$. 所求面积为

$$A=\int_{-1}^{0}(e^{2x}-2x-1)dx=\left(\frac{1}{2}e^{2x}-x^2-x\right)\Big|_{-1}^{0}=\frac{1}{2}(1-e^{-2}).$$

应选 C.

17.【答案】B

【解析】由题设知，$y'=\sqrt{x^2+2x}$. 由平面曲线弧长的计算公式，曲线弧的长度为

$$l=\int_0^a\sqrt{1+(y')^2}\,dx=\int_0^a\sqrt{1+x^2+2x}\,dx=\int_0^a(1+x)dx=a+\frac{1}{2}a^2.$$

由题设知，$a+\frac{1}{2}a^2=4$，故 $a=2$. 应选 B.

18.【答案】C

【解析】

$$\frac{\partial z}{\partial x}=f'_1[x,f(x,y)]\cdot 1+f'_2[x,f(x,y)]\cdot f'_1(x,y)$$
$$=f'_x[x,f(x,y)]+f'_y[x,f(x,y)]\cdot f'_x(x,y),$$

$$\frac{\partial z}{\partial y}=f'_1[x,f(x,y)]\cdot 0+f'_2[x,f(x,y)]\cdot f'_2(x,y)=f'_y[x,f(x,y)]\cdot f'_y(x,y).$$

从而，$\frac{\partial z}{\partial x}\Big|_{(1,1)}=f'_x(1,1)+f'_y(1,1)\cdot f'_x(1,1)=2+3\times 2=8$，$\frac{\partial z}{\partial y}\Big|_{(1,1)}=f'_y(1,1)\cdot f'_y(1,1)=3\times 3=9$. 于是，$dz\Big|_{(1,1)}=\frac{\partial z}{\partial x}\Big|_{(1,1)}dx+\frac{\partial z}{\partial y}\Big|_{(1,1)}dy=8dx+9dy$. 应选 C.

19.【答案】E

【解析】因为若二元函数 $f(x,y)$ 在 (x_0,y_0) 处可微，则 $f(x,y)$ 在 (x_0,y_0) 处一定连续，所以若 $f(x,y)$ 在 (x_0,y_0) 处不连续，则 $f(x,y)$ 在 (x_0,y_0) 处不可微. 应选 E.

20.【答案】A

【解析】

$$\lim_{x\to 0}\frac{f(x,0)-f(0,0)}{x-0}=\lim_{x\to 0}\frac{x}{x}=1,$$

$$\lim_{y\to 0}\frac{f(0,y)-f(0,0)}{y-0}=\lim_{y\to 0}\frac{\frac{-\sin y^3}{y^2}}{y}=\lim_{y\to 0}\frac{-\sin y^3}{y^3}=-1.$$

故 $f'_x(0,0)=1$，$f'_y(0,0)=-1$. 应选 A.

21.【答案】A

【解析】令 $L(x,y,\lambda)=x^2+12xy+8y^2+\lambda(x^2+2y^2-6)$，则由

$$\begin{cases}L'_x(x,y,\lambda)=2x+12y+2\lambda x=0,\\ L'_y(x,y,\lambda)=12x+16y+4\lambda y=0,\\ L'_\lambda(x,y,\lambda)=x^2+2y^2-6=0,\end{cases}$$

解得驻点：$(2,-1),(-2,1),(\sqrt{2},\sqrt{2}),(-\sqrt{2},-\sqrt{2})$.

由于 $f(2,-1)=f(-2,1)=-12, f(\sqrt{2},\sqrt{2})=f(-\sqrt{2},-\sqrt{2})=42$，故 $f(x,y)$ 在约束条件 $x^2+2y^2=6$ 下的最大值为 42，最小值为 -12. 应选 A.

22. **【答案】** B

【解析】 $|\boldsymbol{B}|=|2\boldsymbol{\alpha}_1+\boldsymbol{\alpha}_2, 2\boldsymbol{\alpha}_2+\boldsymbol{\alpha}_3, 2\boldsymbol{\alpha}_3+\boldsymbol{\alpha}_1|=|3(\boldsymbol{\alpha}_1+\boldsymbol{\alpha}_2+\boldsymbol{\alpha}_3), 2\boldsymbol{\alpha}_2+\boldsymbol{\alpha}_3, 2\boldsymbol{\alpha}_3+\boldsymbol{\alpha}_1|$

$$=3|\boldsymbol{\alpha}_1+\boldsymbol{\alpha}_2+\boldsymbol{\alpha}_3, 2\boldsymbol{\alpha}_2+\boldsymbol{\alpha}_3, 2\boldsymbol{\alpha}_3+\boldsymbol{\alpha}_1|=3|\boldsymbol{\alpha}_1+\boldsymbol{\alpha}_2+\boldsymbol{\alpha}_3, 2\boldsymbol{\alpha}_2+\boldsymbol{\alpha}_3, \boldsymbol{\alpha}_3-\boldsymbol{\alpha}_2|$$

$$=3|\boldsymbol{\alpha}_1+\boldsymbol{\alpha}_2+\boldsymbol{\alpha}_3, 3\boldsymbol{\alpha}_2, \boldsymbol{\alpha}_3-\boldsymbol{\alpha}_2|=9|\boldsymbol{\alpha}_1+\boldsymbol{\alpha}_2+\boldsymbol{\alpha}_3, \boldsymbol{\alpha}_2, \boldsymbol{\alpha}_3|$$

$$=9|\boldsymbol{\alpha}_1, \boldsymbol{\alpha}_2, \boldsymbol{\alpha}_3|=9|\boldsymbol{A}|.$$

由 $|\boldsymbol{B}|=54$，得 $|\boldsymbol{A}|=6$. 应选 B.

23. **【答案】** D

【解析】 由于

$$f(x)=\begin{vmatrix} x & 1 & 2 & 3 & 4 \\ 1 & x & 2 & 3 & 4 \\ 1 & 2 & x & 3 & 4 \\ 1 & 2 & 3 & x & 4 \\ 1 & 2 & 3 & 4 & x \end{vmatrix} \xlongequal{c_1+\sum_{i=2}^{5} c_i} (x+10)\begin{vmatrix} 1 & 1 & 2 & 3 & 4 \\ 1 & x & 2 & 3 & 4 \\ 1 & 2 & x & 3 & 4 \\ 1 & 2 & 3 & x & 4 \\ 1 & 2 & 3 & 4 & x \end{vmatrix}$$

$$\xlongequal[i=2,\cdots,5]{c_i+(1-i)c_1} (x+10)\begin{vmatrix} 1 & 0 & 0 & 0 & 0 \\ 1 & x-1 & 0 & 0 & 0 \\ 1 & 1 & x-2 & 0 & 0 \\ 1 & 1 & 1 & x-3 & 0 \\ 1 & 1 & 1 & 1 & x-4 \end{vmatrix}$$

$$=(x+10)(x-1)(x-2)(x-3)(x-4),$$

故方程 $f(x)=0$ 的全部实根为 $1,2,3,4,-10$，其中正实根有 4 个. 应选 D.

24. **【答案】** D

【解析】

$$\left[\left(\frac{1}{2}\boldsymbol{A}\right)^*+(2\boldsymbol{A})^{-1}\right]^{-1}=\left[\left|\frac{1}{2}\boldsymbol{A}\right|\left(\frac{1}{2}\boldsymbol{A}\right)^{-1}+\frac{1}{2}\boldsymbol{A}^{-1}\right]^{-1}$$

$$=\left[\left(\frac{1}{2}\right)^3|\boldsymbol{A}|\cdot 2\boldsymbol{A}^{-1}+\frac{1}{2}\boldsymbol{A}^{-1}\right]^{-1}=(\boldsymbol{A}^{-1})^{-1}=\boldsymbol{A}.$$

应选 D.

25. **【答案】** E

【解析】 令 $\boldsymbol{P}=\begin{pmatrix} 1 & -1 & 0 \\ 0 & 1 & 0 \\ 0 & 0 & 1 \end{pmatrix}$，则 $\boldsymbol{C}=\boldsymbol{BP}$，故

$C^{-1}AC=(BP)^{-1}A(BP)=P^{-1}(B^{-1}AB)P$

$$=\begin{pmatrix}1&1&0\\0&1&0\\0&0&1\end{pmatrix}\begin{pmatrix}1&0&0\\1&2&0\\1&1&3\end{pmatrix}\begin{pmatrix}1&-1&0\\0&1&0\\0&0&1\end{pmatrix}=\begin{pmatrix}2&2&0\\1&2&0\\1&1&3\end{pmatrix}\begin{pmatrix}1&-1&0\\0&1&0\\0&0&1\end{pmatrix}=\begin{pmatrix}2&0&0\\1&1&0\\1&0&3\end{pmatrix}.$$

应选 E.

26.【答案】 C

【解析】 由于向量组 $\boldsymbol{\alpha}_2,\boldsymbol{\alpha}_3,\boldsymbol{\alpha}_4$ 线性无关，故向量组 $\boldsymbol{\alpha}_2,\boldsymbol{\alpha}_3$ 也线性无关，又 $\boldsymbol{\alpha}_1,\boldsymbol{\alpha}_2,\boldsymbol{\alpha}_3$ 线性相关，故 $\boldsymbol{\alpha}_1$ 能由 $\boldsymbol{\alpha}_2,\boldsymbol{\alpha}_3$ 线性表示，从而 $\boldsymbol{\alpha}_1$ 能由 $\boldsymbol{\alpha}_2,\boldsymbol{\alpha}_3,\boldsymbol{\alpha}_4$ 线性表示. 若 $\boldsymbol{\alpha}_4$ 能由 $\boldsymbol{\alpha}_1,\boldsymbol{\alpha}_2,\boldsymbol{\alpha}_3$ 线性表示，则 $\boldsymbol{\alpha}_4$ 也能由 $\boldsymbol{\alpha}_2,\boldsymbol{\alpha}_3$ 线性表示，这也与条件 $\boldsymbol{\alpha}_2,\boldsymbol{\alpha}_3,\boldsymbol{\alpha}_4$ 线性无关矛盾. 因此，$\boldsymbol{\alpha}_4$ 不能由 $\boldsymbol{\alpha}_1,\boldsymbol{\alpha}_2,\boldsymbol{\alpha}_3$ 线性表示. 应选 C.

27.【答案】 A

【解析】 $\boldsymbol{A\xi}=\begin{pmatrix}2&a&2\\5&b&3\\-1&1&-1\end{pmatrix}\begin{pmatrix}1\\1\\-1\end{pmatrix}=\begin{pmatrix}a\\b+2\\1\end{pmatrix}$，由于 $\boldsymbol{A\xi}$ 与 $\boldsymbol{\xi}$ 线性相关，故存在常数 k，使得 $\boldsymbol{A\xi}=k\boldsymbol{\xi}$，即 $\begin{cases}a=k,\\b+2=k,\\1=-k,\end{cases}$ 解得 $k=-1,a=-1,b=-3$，从而 $a+b=-4$. 应选 A.

28.【答案】 B

【解析】 对原方程组的增广矩阵作初等行变换：

$$\overline{\boldsymbol{A}}=\left(\begin{array}{cccc:c}1&1&1&1&0\\1&2&3&3&1\\3&2&a&1&b\\3&2&1&a&-1\end{array}\right)\to\left(\begin{array}{cccc:c}1&1&1&1&0\\0&1&2&2&1\\0&-1&a-3&-2&b\\0&-1&-2&a-3&-1\end{array}\right)\to\left(\begin{array}{cccc:c}1&1&1&1&0\\0&1&2&2&1\\0&0&a-1&0&b+1\\0&0&0&a-1&0\end{array}\right).$$

当 $a=1,b=-1$ 时，$r(\boldsymbol{A})=r(\overline{\boldsymbol{A}})=2<4$，方程组有无穷多解. 此时，

$$\overline{\boldsymbol{A}}\to\left(\begin{array}{cccc:c}1&1&1&1&0\\0&1&2&2&1\\0&0&0&0&0\\0&0&0&0&0\end{array}\right)\to\left(\begin{array}{cccc:c}1&0&-1&-1&-1\\0&1&2&2&1\\0&0&0&0&0\\0&0&0&0&0\end{array}\right).$$

故该方程组相应的齐次线性方程组的一个基础解系为 $\begin{pmatrix}1\\-2\\1\\0\end{pmatrix},\begin{pmatrix}1\\-2\\0\\1\end{pmatrix}$. 应选 B.

29.【答案】 B

【解析】 由 $P(B)=0.8,P(A|B)=P(\overline{A}|\overline{B})=0.5$，得

$$P(AB)=P(B)P(A|B)=0.8\times 0.5=0.4,$$

$$P(\overline{A\cup B})=P(\bar{A}\bar{B})=P(\bar{B})P(\bar{A}|\bar{B})=[1-P(B)]P(\bar{A}|\bar{B})=(1-0.8)\times 0.5=0.1,$$

$$P(A\cup B)=P(A)+P(B)-P(AB)=0.9.$$

于是,$P(A)=P(A\cup B)-P(B)+P(AB)=0.9-0.8+0.4=0.5$.应选 B.

30.**【答案】** D

【解析】 将同一硬币连掷 3 次,相当于 3 重伯努利试验.设 A 表示"掷一次硬币得正面朝上",则 $P(A)=\dfrac{2}{3}$.将硬币连掷 3 次,至少两次正面朝上即事件 A 至少发生两次.于是,所求概率为

$$P=C_3^2\left(\frac{2}{3}\right)^2\frac{1}{3}+C_3^3\left(\frac{2}{3}\right)^3=\frac{20}{27}.$$

应选 D.

31.**【答案】** B

【解析】 设 $-X$ 的概率密度为 $f_1(x)$,分布函数为 $F_1(x)$,则

$$F_1(x)=P\{-X\leqslant x\}=P\{X\geqslant -x\}=1-P\{X<-x\}=1-F(-x).$$

由于 $F_1(x)=F(x)$,故 $1-F(-x)=F(x)$,即 $F(-x)=1-F(x)$,两边对 x 求导,得

$$f(-x)=f(x).$$

应选 B.

32.**【答案】** C

【解析】 函数 $f(x)=\sqrt{x^2+Xx+X}$ 在 $(-\infty,+\infty)$ 内处处有定义当且仅当 $x^2+Xx+X\geqslant 0$ 在 $(-\infty,+\infty)$ 内处处成立,即 $\Delta=X^2-4X\leqslant 0$,也即 $0\leqslant X\leqslant 4$.因此,函数 $f(x)$ 在 $(-\infty,+\infty)$ 内处处有定义的概率为

$$P\{0\leqslant X\leqslant 4\}=\Phi\left(\frac{4-2}{2}\right)-\Phi\left(\frac{0-2}{2}\right)=\Phi(1)-\Phi(-1)=2\Phi(1)-1.$$

应选 C.

33.**【答案】** B

【解析】 $\displaystyle\int_{-\infty}^{+\infty}f(x)\mathrm{d}x=\int_0^{\frac{\pi}{2}}(a\cos x+b\sin x)\mathrm{d}x=(a\sin x-b\cos x)\Big|_0^{\frac{\pi}{2}}=a+b,$

$$E(X)=\int_{-\infty}^{+\infty}xf(x)\mathrm{d}x=\int_0^{\frac{\pi}{2}}x(a\cos x+b\sin x)\mathrm{d}x=\int_0^{\frac{\pi}{2}}x\mathrm{d}(a\sin x-b\cos x)$$

$$=[x(a\sin x-b\cos x)]\Big|_0^{\frac{\pi}{2}}-\int_0^{\frac{\pi}{2}}(a\sin x-b\cos x)\mathrm{d}x=a\left(\frac{\pi}{2}-1\right)+b,$$

由于 $\displaystyle\int_{-\infty}^{+\infty}f(x)\mathrm{d}x=1,E(X)=\frac{1}{3}(\pi-1)$,则 $\begin{cases}a+b=1,\\ a\left(\dfrac{\pi}{2}-1\right)+b=\dfrac{1}{3}(\pi-1),\end{cases}$ 故 $a=\dfrac{2}{3},b=\dfrac{1}{3}$.

应选 B.

34.【答案】D

【解析】因为 $X \sim B\left(n,\frac{1}{n}\right)$，故 $E(X)=1, D(X)=n\frac{1}{n}\left(1-\frac{1}{n}\right)=1-\frac{1}{n}$，从而

$E(X^2)=D(X)+[E(X)]^2=2-\frac{1}{n}$. 又 $E(X^2)=1.8$，故 $2-\frac{1}{n}=1.8$，从而 $n=5$.

应选 D.

35.【答案】C

【解析】由概率密度的规范性得，

$$\int_{-\infty}^{+\infty} f(x)\mathrm{d}x=\int_{-\infty}^{+\infty}\frac{1}{2\mathrm{e}\sqrt{\pi}}\mathrm{e}^{ax-\frac{x^2}{4}}\mathrm{d}x=\frac{\mathrm{e}^{a^2}}{2\mathrm{e}\sqrt{\pi}}\int_{-\infty}^{+\infty}\mathrm{e}^{-\left(\frac{x-2a}{2}\right)^2}\mathrm{d}x$$

$$\xlongequal{\frac{x-2a}{2}=t}\frac{\mathrm{e}^{a^2}}{\mathrm{e}\sqrt{\pi}}\int_{-\infty}^{+\infty}\mathrm{e}^{-t^2}\mathrm{d}t=\frac{\mathrm{e}^{a^2}}{\mathrm{e}}=1,$$

又 $a>0$，故 $a=1$. 于是，$f(x)=\frac{1}{2\mathrm{e}\sqrt{\pi}}\mathrm{e}^{x-\frac{x^2}{4}}=\frac{1}{\sqrt{2\pi}\cdot\sqrt{2}}\mathrm{e}^{-\frac{(x-2)^2}{2(\sqrt{2})^2}}$. 这表明，$X\sim N(2,2)$.

于是，$E(X)=D(X)=2$. 应选 C.

经济类综合能力数学预测试题(八)解析

1.【答案】A

【解析】令 $x=\frac{1}{t}$,则

$$\lim_{x\to\infty}x^2\left(x\sin\frac{1}{x}-1\right)=\lim_{t\to0}\frac{1}{t^2}\left(\frac{1}{t}\sin t-1\right)=\lim_{t\to0}\frac{\sin t-t}{t^3}=\lim_{t\to0}\frac{\cos t-1}{3t^2}=\lim_{t\to0}\frac{-\frac{1}{2}t^2}{3t^2}=-\frac{1}{6}.$$

应选 A.

2.【答案】E

【解析】因为

$$\lim_{x\to-\infty}f_1(x)=\lim_{x\to-\infty}(\sqrt{x^2+x}-\sqrt{x^2-x})=\lim_{x\to-\infty}\frac{2x}{\sqrt{x^2+x}+\sqrt{x^2-x}}$$

$$=\lim_{x\to-\infty}\frac{2}{-\sqrt{1+\frac{1}{x}}-\sqrt{1-\frac{1}{x}}}=-1,$$

$$\lim_{x\to+\infty}f_1(x)=\lim_{x\to+\infty}(\sqrt{x^2+x}-\sqrt{x^2-x})=\lim_{x\to+\infty}\frac{2x}{\sqrt{x^2+x}+\sqrt{x^2-x}}$$

$$=\lim_{x\to+\infty}\frac{2}{\sqrt{1+\frac{1}{x}}+\sqrt{1-\frac{1}{x}}}=1,$$

$\lim\limits_{x\to-\infty}f_1(x)\neq\lim\limits_{x\to+\infty}f_1(x)$,所以$\lim\limits_{x\to\infty}f_1(x)$ 不存在.

因为

$$\lim_{x\to-\infty}f_2(x)=\lim_{x\to-\infty}x(\sqrt{x^2+1}-\sqrt{x^2-1})=\lim_{x\to-\infty}\frac{2x}{\sqrt{x^2+1}+\sqrt{x^2-1}}$$

$$=\lim_{x\to-\infty}\frac{2}{-\sqrt{1+\frac{1}{x^2}}-\sqrt{1-\frac{1}{x^2}}}=-1,$$

$$\lim_{x\to+\infty}f_2(x)=\lim_{x\to+\infty}x(\sqrt{x^2+1}-\sqrt{x^2-1})=\lim_{x\to+\infty}\frac{2x}{\sqrt{x^2+1}+\sqrt{x^2-1}}$$

$$=\lim_{x\to+\infty}\frac{2}{\sqrt{1+\frac{1}{x^2}}+\sqrt{1-\frac{1}{x^2}}}=1,$$

$\lim\limits_{x\to-\infty}f_2(x)\neq\lim\limits_{x\to+\infty}f_2(x)$,所以$\lim\limits_{x\to\infty}f_2(x)$ 不存在.

因为

$$\lim_{x\to-\infty}f_3(x)=\lim_{x\to-\infty}\frac{e^x+1}{e^x-1}\arctan x=(-1)\cdot\left(-\frac{\pi}{2}\right)=\frac{\pi}{2},$$

$$\lim_{x\to+\infty} f_3(x) = \lim_{x\to+\infty} \frac{e^x+1}{e^x-1}\arctan x = 1 \cdot \frac{\pi}{2} = \frac{\pi}{2},$$

$\lim\limits_{x\to-\infty} f_3(x) = \lim\limits_{x\to+\infty} f_3(x) = \frac{\pi}{2}$,所以$\lim\limits_{x\to\infty} f_3(x)$ 存在. 应选 E.

3. **【答案】** D

【解析】
$$\lim_{x\to+\infty}\left(\sqrt{x+2\sqrt{x}}-\sqrt{x-2\sqrt{x}}\right) = \lim_{x\to+\infty} \frac{4\sqrt{x}}{\sqrt{x+2\sqrt{x}}+\sqrt{x-2\sqrt{x}}}$$
$$= \lim_{x\to+\infty} \frac{4}{\sqrt{1+\frac{2}{\sqrt{x}}}+\sqrt{1-\frac{2}{\sqrt{x}}}} = 2.$$

故曲线 $y = \sqrt{x+2\sqrt{x}}-\sqrt{x-2\sqrt{x}}$ 的水平渐近线方程为 $y = 2$. 应选 D.

4. **【答案】** D

【解析】 要使函数 $f(x) = \left(\frac{3+2x}{3-2x}\right)^{\frac{1}{x}}$ 在区间$(-1,1)$内连续,只要使函数 $f(x)$ 在点 $x = 0$ 处连续即可,故只需补充定义 $f(0) = \lim\limits_{x\to0}\left(\frac{3+2x}{3-2x}\right)^{\frac{1}{x}} = \lim\limits_{x\to0}\left(1+\frac{4x}{3-2x}\right)^{\frac{1}{x}} = e^{\lim\limits_{x\to0}\frac{4}{3-2x}} = e^{\frac{4}{3}}$. 应选 D.

5. **【答案】** E

【解析】 当 $x\to0$ 时,

$$\sqrt{1+x}-\sqrt{1-x} = \frac{2x}{\sqrt{1+x}+\sqrt{1-x}} \sim x,$$
$$\ln(1+x)+\ln(1-x) = \ln(1-x^2) \sim -x^2,$$
$$\sqrt{1+x^2}-1 \sim \frac{1}{2}x^2,$$
$$\cos x - 1 \sim -\frac{1}{2}x^2,$$
$$(1+x)^x - 1 = e^{x\ln(1+x)} - 1 \sim x\ln(1+x) \sim x^2.$$

应选 E.

6. **【答案】** C

【解析】 当 $x = 0$ 时,代入原方程解得 $y = 0$. 方程两边对 x 求导得 $e^{x+y}(1+y')+y'-1=0$,从而 $y' = \frac{1-e^{x+y}}{1+e^{x+y}}$,$y'\Big|_{x=0} = \frac{1-e^{x+y}}{1+e^{x+y}}\Big|_{\substack{x=0\\y=0}} = 0$. 因此,

$$y''\Big|_{x=0} = \frac{-e^{x+y}(1+y')(1+e^{x+y})-(1-e^{x+y})e^{x+y}(1+y')}{(1+e^{x+y})^2}\Bigg|_{\substack{x=0\\y=0}} = -\frac{1}{2}.$$

应选 C.

7. **【答案】** E

【解析】 当 $y = 1$ 时,代入原方程解得 $x = 1$. 由于 $\frac{dx}{dy} = \frac{1}{\frac{dy}{dx}} = \frac{1}{-e^{-(1-x)^2}+3x^2}$,因此,

$$\left.\frac{\mathrm{d}x}{\mathrm{d}y}\right|_{y=1}=\left.\frac{1}{-\mathrm{e}^{-(1-x)^2}+3x^2}\right|_{x=1}=\frac{1}{2}.$$ 应选 E.

8.【答案】C

【解析】由于在 $U(0,\delta)$ 内，有 $|f(x)|\leqslant 1-\cos x$，故在 $U(0,\delta)$ 内，

$$0\leqslant\left|\frac{f(x)}{x}\right|\leqslant\frac{1-\cos x}{|x|}.$$

由于 $\lim\limits_{x\to 0}\frac{1-\cos x}{|x|}=\lim\limits_{x\to 0}\frac{\frac{1}{2}x^2}{|x|}=\lim\limits_{x\to 0}\frac{|x|}{2}=0$，故 $\lim\limits_{x\to 0}\left|\frac{f(x)}{x}\right|=0$，即 $\lim\limits_{x\to 0}\frac{f(x)}{x}=0$. 又由 $|f(x)|\leqslant 1-\cos x$，得 $|f(0)|\leqslant 0$，故 $f(0)=0$. 于是，$\lim\limits_{x\to 0}\frac{f(x)-f(0)}{x-0}=\lim\limits_{x\to 0}\frac{f(x)}{x}=0$. 因此，$f(x)$ 在点 $x=0$ 处可导且 $f'(0)=0$. 应选 C.

9.【答案】A

【解析】$y'=\frac{-2x}{(x-1)^3}$，$y''=\frac{2(2x+1)}{(x-1)^4}$. 令 $\begin{cases}y'<0,\\y''<0,\end{cases}$ 得 $x<-\frac{1}{2}$，故函数单调减少且其图形是凸的区间为 $\left(-\infty,-\frac{1}{2}\right]$. 应选 A.

10.【答案】D

【解析】令 $g(x)=(x-1)(x-2)(x-3)$，则 $f(x)=g^2(x)$，$f'(x)=2g(x)g'(x)$. 由于函数 $g(x)$ 有 3 个零点，且 $g'(x)$ 是二次多项式，故由罗尔定理易知，$g'(x)$ 有 2 个零点. 因此，$f'(x)$ 共有 5 个零点，即函数 $f(x)$ 有 5 个驻点. 显然，在所有驻点两侧 $f'(x)$ 均异号，故 $f(x)$ 的所有驻点均为极值点，即 $f(x)$ 有 5 个极值点. 应选 D.

11.【答案】B

【解析】令 $x^3=u$，则 $x=u^{\frac{1}{3}}$，$f'(u)=u^{\frac{2}{3}}$，即 $f'(x)=x^{\frac{2}{3}}$. 于是，

$$f(x)=\int f'(x)\mathrm{d}x=\int x^{\frac{2}{3}}\mathrm{d}x=\frac{3}{5}x^{\frac{5}{3}}+C_1.$$

又由 $f(0)=0$，得 $C_1=0$，故 $\int f(x)\mathrm{d}x=\int\frac{3}{5}x^{\frac{5}{3}}\mathrm{d}x=\frac{9}{40}x^{\frac{8}{3}}+C$. 应选 B.

12.【答案】B

【解析】由题设，得 $f(x)=\int\cos 2x\mathrm{d}x=\frac{1}{2}\sin 2x+C_1$. 再由 $f(0)=0$，得 $C_1=0$，从而 $f(x)=\frac{1}{2}\sin 2x$. 于是，

$$\int f(x)\mathrm{d}x=\int\frac{1}{2}\sin 2x\mathrm{d}x=\frac{1}{4}\int\sin 2x\mathrm{d}(2x)=-\frac{1}{4}\cos 2x+C,$$

即 $f(x)$ 的一个原函数为 $-\frac{1}{4}\cos 2x$. 应选 B.

13.【答案】B

【解析】$\int_0^{+\infty}\frac{x^2}{e^{3x}}dx=-\frac{1}{3}\int_0^{+\infty}x^2\,d(e^{-3x})=-\frac{1}{3}x^2e^{-3x}\Big|_0^{+\infty}+\frac{2}{3}\int_0^{+\infty}e^{-3x}x\,dx$

$$=-\frac{2}{9}\int_0^{+\infty}x\,d(e^{-3x})=-\frac{2}{9}xe^{-3x}\Big|_0^{+\infty}+\frac{2}{9}\int_0^{+\infty}e^{-3x}dx$$

$$=-\frac{2}{27}e^{-2x}\Big|_0^{+\infty}=\frac{2}{27}.$$

应选 B.

14.【答案】A

【解析】令 $x=\sec t$,则

$$\int_{-2}^{-1}\frac{\sqrt{x^2-1}}{x}dx=\int_{\frac{2}{3}\pi}^{\pi}\frac{-\tan t}{\sec t}\sec t\tan t\,dt=-\int_{\frac{2}{3}\pi}^{\pi}\tan^2 t\,dt=-\int_{\frac{2}{3}\pi}^{\pi}(\sec^2 t-1)dt$$

$$=-(\tan t-t)\Big|_{\frac{2}{3}\pi}^{\pi}=\frac{\pi}{3}-\sqrt{3}.$$

应选 A.

15.【答案】C

【解析】由$\begin{cases}x=a(t-\sin t),\\ y=a(1-\cos t),\end{cases}$得$\begin{cases}x'(t)=a(1-\cos t),\\ y'(t)=a\sin t.\end{cases}$由平面曲线弧长的计算公式得

$$l=\int_0^{2\pi}\sqrt{[x'(t)]^2+[y'(t)]^2}\,dt=\int_0^{2\pi}\sqrt{a^2(1-\cos t)^2+a^2\sin^2 t}\,dt$$

$$=\sqrt{2}a\int_0^{2\pi}\sqrt{1-\cos t}\,dt=2a\int_0^{2\pi}\sin\frac{t}{2}dt=8a,$$

由题设,$l=16$,故 $a=2$. 应选 C.

16.【答案】E

【解析】设切点 P 的坐标为$(t,3(t^2+1))$,则过此点的切线方程为 $y=6t(x-t)+3(t^2+1)$. 所围图形的面积为

$$A=\int_0^2[3(x^2+1)-6t(x-t)-3(t^2+1)]dx=6t^2-12t+8=6(t-1)^2+2.$$

当 $t=1$ 时,A 最小. 此时切线方程为 $6x-y=0$. 应选 E.

17.【答案】B

【解析】由题意知,交点为$(0,0)$ 和$(1,2)$,故 $V=2\pi\int_0^1 x(2\sqrt{x}-2x)dx=4\pi\int_0^1(x^{\frac{3}{2}}-x^2)dx=\frac{4}{15}\pi$. 应选 B.

18.【答案】B

【解析】由 $f(x,2x)=x$ 两边对 x 求导,得 $f'_x(x,2x)\cdot 1+f'_y(x,2x)\cdot 2=1$,故 $f'_y(x,2x)=\frac{1-f'_x(x,2x)}{2}=\frac{1-x^2}{2}$. 应选 B.

19. **【答案】** D

【解析】 方程 $x+z=yf(x^2-z^2)$ 两边求微分,得

$$dx+dz=dy\cdot f(x^2-z^2)+y\cdot f'(x^2-z^2)(2xdx-2zdz),$$

由此解得, $$dz=\frac{2xyf'(x^2-z^2)-1}{1+2yzf'(x^2-z^2)}dx+\frac{f(x^2-z^2)}{1+2yzf'(x^2-z^2)}dy,$$

故 $$\frac{\partial z}{\partial x}=\frac{2xyf'(x^2-z^2)-1}{1+2yzf'(x^2-z^2)},\frac{\partial z}{\partial y}=\frac{f(x^2-z^2)}{1+2yzf'(x^2-z^2)}.$$

于是, $$z\frac{\partial z}{\partial x}+y\frac{\partial z}{\partial y}=z\frac{2xyf'(x^2-z^2)-1}{1+2yzf'(x^2-z^2)}+y\frac{f(x^2-z^2)}{1+2yzf'(x^2-z^2)}$$

$$=\frac{2xyzf'(x^2-z^2)-z+yf(x^2-z^2)}{1+2yzf'(x^2-z^2)}$$

$$=\frac{2xyzf'(x^2-z^2)+x}{1+2yzf'(x^2-z^2)}=x.$$

应选 D.

20. **【答案】** D

【解析】 $$f'_x(x,y)=4x(x^2+y^2-1),f'_y(x,y)=4y(x^2+y^2+1),$$

$$f''_{xx}(x,y)=12x^2+4y^2-4,f''_{xy}(x,y)=8xy,f''_{yy}(x,y)=4x^2+12y^2+4.$$

由$\begin{cases}f'_x(x,y)=0,\\f'_y(x,y)=0,\end{cases}$即$\begin{cases}x(x^2+y^2-1)=0,\\y=0,\end{cases}$解得 $f(x,y)$ 的驻点为$(0,0)$,$(\pm1,0)$.

对于驻点$(0,0)$,$A=-4,B=0,C=4$,由于$AC-B^2=-16<0$,故$(0,0)$不是极值点.

对于驻点$(\pm1,0)$,$A=8,B=0,C=8$,由于 $AC-B^2=64>0$,且 $A>0$,故$(\pm1,0)$是极小值点. 于是,$f(x,y)$ 有两个极小值点,无极大值点. 应选 D.

21. **【答案】** C

【解析】 设椭圆的内接矩形在第一象限内的顶点坐标为(x,y),则矩形面积为 $A=4xy$,且$\frac{x^2}{a^2}+\frac{y^2}{b^2}=1$. 令 $L(x,y,\lambda)=4xy+\lambda\left(\frac{x^2}{a^2}+\frac{y^2}{b^2}-1\right)$,则由

$$\begin{cases}L'_x=4y+\frac{2\lambda x}{a^2}=0,\\L'_y=4x+\frac{2\lambda y}{b^2}=0,\\L'_\lambda=\frac{x^2}{a^2}+\frac{y^2}{b^2}-1=0,\end{cases}$$

解得$\begin{cases}x=\frac{a}{\sqrt2},\\y=\frac{b}{\sqrt2}.\end{cases}$故矩形面积的最大值为 $A_{\max}=4\cdot\frac{a}{\sqrt2}\cdot\frac{b}{\sqrt2}=2ab$. 应选 C.

22.【答案】A

【解析】$|\boldsymbol{B}||\boldsymbol{A}|=|\boldsymbol{BA}|=\begin{vmatrix}-a_{12} & 3a_{11} & 2a_{13}\\ -a_{22} & 3a_{21} & 2a_{23}\\ a_{32} & -3a_{31} & -2a_{33}\end{vmatrix}=-\begin{vmatrix}-a_{12} & 3a_{11} & 2a_{13}\\ -a_{22} & 3a_{21} & 2a_{23}\\ -a_{32} & 3a_{31} & 2a_{33}\end{vmatrix}$

$$=6\begin{vmatrix}a_{12} & a_{11} & a_{13}\\ a_{22} & a_{21} & a_{23}\\ a_{32} & a_{31} & a_{33}\end{vmatrix}=-6\begin{vmatrix}a_{11} & a_{12} & a_{13}\\ a_{21} & a_{22} & a_{23}\\ a_{31} & a_{32} & a_{33}\end{vmatrix}=-6|\boldsymbol{A}|.$$

由于$\boldsymbol{A}$可逆，即$|\boldsymbol{A}|\neq 0$，故$|\boldsymbol{B}|=-6$，从而$|2\boldsymbol{B}|=2^3\times(-6)=-48$. 应选 A.

23.【答案】C

【解析】由$\boldsymbol{AB}=\boldsymbol{A}+\boldsymbol{B}$得，$(\boldsymbol{A}-\boldsymbol{E})(\boldsymbol{B}-\boldsymbol{E})=\boldsymbol{E}$，故

$$\boldsymbol{B}=(\boldsymbol{A}-\boldsymbol{E})^{-1}+\boldsymbol{E}=\begin{pmatrix}1 & 0 & 0\\ 0 & 2 & 1\\ 0 & 1 & 1\end{pmatrix}^{-1}+\boldsymbol{E}=\begin{pmatrix}1 & 0 & 0\\ 0 & 1 & -1\\ 0 & -1 & 2\end{pmatrix}+\boldsymbol{E}=\begin{pmatrix}2 & 0 & 0\\ 0 & 2 & -1\\ 0 & -1 & 3\end{pmatrix}.$$

于是，$|\boldsymbol{B}|=10$. 应选 C.

24.【答案】A

【解析】由于$\boldsymbol{AB}=\boldsymbol{O}$，且$\boldsymbol{B}$为 5 阶非零方阵，因此齐次线性方程组$\boldsymbol{Ax}=\boldsymbol{0}$有非零解，从而$r(\boldsymbol{A})<5$. 于是，$r(\boldsymbol{A}^*)=0$或$r(\boldsymbol{A}^*)=1$，又$\boldsymbol{A}^*$为非零方阵，故$r(\boldsymbol{A}^*)=1$，从而$r(\boldsymbol{A})=4$. 由$\boldsymbol{AB}=\boldsymbol{O}$得，$r(\boldsymbol{A})+r(\boldsymbol{B})\leqslant 5$，故$r(\boldsymbol{B})\leqslant 5-r(\boldsymbol{A})=1$. 再由$\boldsymbol{B}$为非零方阵得，$r(\boldsymbol{B})\geqslant 1$. 因此，$r(\boldsymbol{B})=1$. 应选 A.

25.【答案】E

【解析】令$\boldsymbol{P}=\begin{pmatrix}0 & 1 & 0\\ 1 & 0 & 0\\ 0 & 0 & 1\end{pmatrix}$，则$\boldsymbol{C}=\boldsymbol{PB}$，故

$$\boldsymbol{CAC}^{-1}=(\boldsymbol{PB})\boldsymbol{A}(\boldsymbol{PB})^{-1}=\boldsymbol{P}(\boldsymbol{BAB}^{-1})\boldsymbol{P}^{-1}$$

$$=\begin{pmatrix}0 & 1 & 0\\ 1 & 0 & 0\\ 0 & 0 & 1\end{pmatrix}\begin{pmatrix}1 & 0 & 4\\ 0 & 2 & 0\\ 5 & 0 & 3\end{pmatrix}\begin{pmatrix}0 & 1 & 0\\ 1 & 0 & 0\\ 0 & 0 & 1\end{pmatrix}=\begin{pmatrix}0 & 2 & 0\\ 1 & 0 & 4\\ 5 & 0 & 3\end{pmatrix}\begin{pmatrix}0 & 1 & 0\\ 1 & 0 & 0\\ 0 & 0 & 1\end{pmatrix}=\begin{pmatrix}2 & 0 & 0\\ 0 & 1 & 4\\ 0 & 5 & 3\end{pmatrix}.$$

应选 E.

26.【答案】A

【解析】由题设知，

$$|\boldsymbol{\alpha}_1^{\mathrm{T}},\boldsymbol{\alpha}_2^{\mathrm{T}},\boldsymbol{\alpha}_3^{\mathrm{T}}|=\begin{vmatrix}1 & 2 & 1\\ 0 & k & 2\\ 0 & 2 & k\end{vmatrix}=(k+2)(k-2)=0,$$

$$|\boldsymbol{\beta}_1^{\mathrm{T}},\boldsymbol{\beta}_2^{\mathrm{T}},\boldsymbol{\beta}_3^{\mathrm{T}}|=\begin{vmatrix}2&3&4\\1&-2&-1\\-2&4&k\end{vmatrix}=\begin{vmatrix}2&3&4\\1&-2&-1\\0&0&k-2\end{vmatrix}=-7(k-2)\neq 0.$$

故 $k=-2$. 应选 A.

27. **【答案】** D

【解析】 $\boldsymbol{A\xi}=\begin{pmatrix}5&a&2\\b&3&-1\\-15&8&-6\end{pmatrix}\begin{pmatrix}1\\1\\-1\end{pmatrix}=\begin{pmatrix}a+3\\b+4\\-1\end{pmatrix}$. 由于 $\boldsymbol{A\xi}$ 与 $\boldsymbol{\xi}$ 线性相关,故存在常数 k,

使得 $\boldsymbol{A\xi}=k\boldsymbol{\xi}$,即 $\begin{cases}a+3=k,\\b+4=k,\\-1=-k.\end{cases}$ 故 $k=1,a=-2,b=-3$. 于是,$\boldsymbol{A}=\begin{pmatrix}5&-2&2\\-3&3&-1\\-15&8&-6\end{pmatrix}$.

从而 $\boldsymbol{A}\begin{pmatrix}0\\1\\1\end{pmatrix}=\begin{pmatrix}0\\2\\2\end{pmatrix}=2\begin{pmatrix}0\\1\\1\end{pmatrix}$,故 $\boldsymbol{A}\begin{pmatrix}0\\1\\1\end{pmatrix}$ 与 $\begin{pmatrix}0\\1\\1\end{pmatrix}$ 线性相关. 应选 D.

28. **【答案】** E

【解析】 对原方程组的增广矩阵作初等行变换:

$$\overline{\boldsymbol{A}}=\left(\begin{array}{ccc:c}1&1&2&3\\1&a&1&2\\1&1&a&2\end{array}\right)\to\left(\begin{array}{ccc:c}1&1&2&3\\0&a-1&-1&-1\\0&0&a-2&-1\end{array}\right).$$

当 $a=1$ 时,$r(\boldsymbol{A})=r(\overline{\boldsymbol{A}})=2<3$,方程组有无穷多解. 此时,

$$\overline{\boldsymbol{A}}\to\left(\begin{array}{ccc:c}1&1&2&3\\0&0&-1&-1\\0&0&-1&-1\end{array}\right)\to\left(\begin{array}{ccc:c}1&1&0&1\\0&0&1&1\\0&0&0&0\end{array}\right),$$

故原方程组的通解为 $\begin{pmatrix}x_1\\x_2\\x_3\end{pmatrix}=\begin{pmatrix}0\\1\\1\end{pmatrix}+k\begin{pmatrix}1\\-1\\0\end{pmatrix}$. 应选 E.

29. **【答案】** C

【解析】 由于 $P(\overline{A}\cup\overline{B})=P(\overline{AB})=1-P(AB)=0.8$,因此 $P(AB)=0.2$.

由于 $P(A\cup B)=P(A)+P(B)-P(AB)=0.6$,而 $P(A)=0.4$,因此

$$P(B)=P(A\cup B)-P(A)+P(AB)=0.6-0.4+0.2=0.4.$$

于是,$P(A|B)=\dfrac{P(AB)}{P(B)}=\dfrac{0.2}{0.4}=0.5$. 应选 C.

30. **【答案】** D

【解析】 事件“在成功 2 次之前已经失败了 3 次”即“前 4 次试验失败了 3 次,且第 5 次试

验是成功的". 故在成功 2 次之前已经失败了 3 次的概率为 $C_4^3p^2(1-p)^3=4p^2\cdot(1-p)^3$. 应选 D.

31. **【答案】** B

【解析】 由于 $X_1\sim E(\lambda_1)$, $X_2\sim E(\lambda_2)$, 故

$$P\{X_1>a_1\}=\int_{a_1}^{+\infty}\lambda_1\mathrm{e}^{-\lambda_1x}\mathrm{d}x=-\mathrm{e}^{-\lambda_1x}\Big|_{a_1}^{+\infty}=\mathrm{e}^{-\lambda_1a_1},$$

$$P\{X_2>a_2\}=\int_{a_2}^{+\infty}\lambda_2\mathrm{e}^{-\lambda_2x}\mathrm{d}x=-\mathrm{e}^{-\lambda_2x}\Big|_{a_2}^{+\infty}=\mathrm{e}^{-\lambda_2a_2}.$$

由 $P\{X_1>a_1\}>P\{X_2>a_2\}$ 得, $\mathrm{e}^{-\lambda_1a_1}>\mathrm{e}^{-\lambda_2a_2}$, 即 $\lambda_1a_1<\lambda_2a_2$, 也即 $\frac{\lambda_1}{\lambda_2}<\frac{a_2}{a_1}$.

又 $D(X_1)=\frac{1}{\lambda_1^2}$, $D(X_2)=\frac{1}{\lambda_2^2}$, 而 $D(X_1)<D(X_2)$, 故 $\frac{\lambda_1}{\lambda_2}>1$. 于是, $1<\frac{\lambda_1}{\lambda_2}<\frac{a_2}{a_1}$. 应选 B.

32. **【答案】** E

【解析】 由题意,

$$P\{X\geqslant1\}=1-P\{X=0\}=1-C_3^0p^0(1-p)^3=1-(1-p)^3=\frac{19}{27},$$

故 $p=\frac{1}{3}$, 从而 $Y\sim B\left(4,\frac{1}{3}\right)$. 于是,

$$P\{Y\geqslant1\}=1-P\{Y=0\}=1-C_4^0\left(\frac{1}{3}\right)^0\left(\frac{2}{3}\right)^4=1-\left(\frac{2}{3}\right)^4=\frac{65}{81}.$$

应选 E.

33. **【答案】** A

【解析】 设该射手的命中率为 p, 则由题设条件知, $1-(1-p)^3=0.875$, 即 $p=0.5$. 于是随机变量 X 的概率分布为 $P\{X=k\}=C_4^k\,0.5^4(k=0,1,2,3,4)$. 因此,

$$E(X)=\sum_{k=0}^{4}kC_4^k\,0.5^4=(0+4+12+12+4)\times0.0625=2,$$

$$E(X^2)=\sum_{k=0}^{4}k^2C_4^k\,0.5^4=(0+4+24+36+16)\times0.0625=5.$$

从而, $D(X)=E(X^2)-[E(X)]^2=5-2^2=1$. 应选 A.

34. **【答案】** B

【解析】 $E(X)=\int_{-\infty}^{+\infty}xf(x)\mathrm{d}x=\int_2^{+\infty}\frac{24}{x^3}\mathrm{d}x=-\frac{12}{x^2}\Big|_2^{+\infty}=3,$

$$E(X^2)=\int_{-\infty}^{+\infty}x^2f(x)\mathrm{d}x=\int_2^{+\infty}\frac{24}{x^2}\mathrm{d}x=-\frac{24}{x}\Big|_2^{+\infty}=12.$$

故 $D(X)=E(X^2)-[E(X)]^2=12-3^2=3$. 于是,

$$P\{X>D(X)\}=P\{X>3\}=\int_3^{+\infty}f(x)\mathrm{d}x=\int_3^{+\infty}\frac{24}{x^4}\mathrm{d}x=-\frac{8}{x^3}\Big|_3^{+\infty}=\frac{8}{27}.$$

应选 B.

35.【答案】C

【解析】由概率密度的规范性，得$\int_{-\infty}^{+\infty} f(x)\mathrm{d}x = \int_0^1 \left(ax + \frac{1}{2}\right)\mathrm{d}x = \frac{1}{2}a + \frac{1}{2} = 1$，故 $a = 1$. 从而 $f(x) = \begin{cases} x + \frac{1}{2}, & 0 \leqslant x \leqslant 1, \\ 0, & \text{其他}. \end{cases}$ 于是，

$$E(X^n) = \int_{-\infty}^{+\infty} x^n f(x)\mathrm{d}x = \int_0^1 x^n \left(x + \frac{1}{2}\right)\mathrm{d}x = \int_0^1 \left(x^{n+1} + \frac{1}{2}x^n\right)\mathrm{d}x = \frac{3n+4}{2(n+1)(n+2)}.$$

由 $E(X^n) = \frac{4}{15}$，得$(n-4)(8n+11) = 0$，故 $n = 4$. 应选 C.

图书在版编目（CIP）数据

经济类综合能力数学 8 套卷：函套 2 册 / 张宇，杨晶主编. -- 北京：北京理工大学出版社，2024. 10.

ISBN 978-7-5763-4515-5

Ⅰ. O13-44

中国国家版本馆 CIP 数据核字第 2024MZ5822 号

责任编辑：封　雪　　　**文案编辑**：封　雪
责任校对：周瑞红　　　**责任印制**：李志强

出版发行 / 北京理工大学出版社有限责任公司
社　　址 / 北京市丰台区四合庄路 6 号
邮　　编 / 100070
电　　话 / （010）68944451（大众售后服务热线）
（010）68912824（大众售后服务热线）
网　　址 / http://www.bitpress.com.cn

版 印 次 / 2024 年 10 月第 1 版第 1 次印刷
印　　刷 / 三河市文阁印刷有限公司
开　　本 / 787 mm×1092 mm　1/16
印　　张 / 7.5
字　　数 / 187 千字
定　　价 / 29.8 元

目 录

经济类综合能力数学预测试题(一)

数学基础:第 1 ～ 35 小题,每小题 2 分,共 70 分。下列每题给出的五个选项中,只有一个选项是最符合题目要求的。

1. 设 $f(x)=\dfrac{\sin 2x}{x}+3\lim\limits_{x\to 0}f(x)$,则 $\lim\limits_{x\to\infty}f(x)=$

A. -4. B. -3. C. -1. D. 0. E. 2.

2. $\lim\limits_{x\to 0}(\cos 2x+\sin^2 x)^{\frac{1}{x^2}}=$

A. e^{-2}. B. e^{-1}. C. $e^{\frac{1}{2}}$. D. e. E. e^2.

3. 设当 $x\to 0$ 时,$1-\cos(1-\cos x)$ 与 $(1+x^n)^{\alpha}-1$ 是等价无穷小,则 $\alpha n=$

A. $\dfrac{1}{8}$. B. $\dfrac{1}{4}$. C. $\dfrac{1}{2}$. D. 1. E. 2.

4. 曲线 $y=\dfrac{1}{e^x-1}$ 的渐近线条数为

A. 0. B. 1. C. 2. D. 3. E. 4.

5. 设 $f'(x_0)$ 存在,$x_0\neq 0$,则 $\lim\limits_{x\to x_0}\dfrac{x^2f(x_0)-x_0^2f(x)}{x^2-x_0^2}=$

A. $f(x_0)-\dfrac{1}{2}x_0f'(x_0)$. B. $f(x_0)-x_0f'(x_0)$. C. $f(x_0)-2x_0f'(x_0)$.

D. $2x_0f(x_0)-x_0f'(x_0)$. E. $x_0f(x_0)-f'(x_0)$.

6. 设 $f(e^x+e^{-x})=e^{2x}+e^{-2x}$,则 $f'(e^x+e^{-x})=$

A. $2(e^{2x}-e^{-2x})$. B. $2(e^{2x}+e^{-2x})$. C. $e^{2x}-e^{-2x}$.

D. $2(e^x-e^{-x})$. E. $2(e^x+e^{-x})$.

7. 设函数 $f(x)$ 在闭区间 $[0,2]$ 上二阶可导,且 $f''(x)>0$,则

A. $f(1)-f(0)<f(2)-f(1)<f'(1)$. B. $f'(1)<f(1)-f(0)<f(2)-f(1)$.

C. $f(1)-f(0)<f'(1)<f(2)-f(1)$. D. $f(2)-f(1)<f'(1)<f(1)-f(0)$.

E. $f(2)-f(1)<f(1)-f(0)<f'(1)$.

8. 若点 $(-1,2)$ 是曲线 $y=ax^5+bx^4$ 的拐点,则 $ab=$

A. 6. B. 8. C. 12. D. 15. E. 20.

9. 设 $f(x)$ 具有连续导数,且 $f\left(\dfrac{\pi}{2}\right)=0$,$\int x^2f'(x)\mathrm{d}x=2\sin x-x\cos x+C$,则 $f(\pi)=$

A. 0. B. $-\dfrac{1}{\pi}$. C. $-\dfrac{1}{2\pi}$. D. $\dfrac{1}{2\pi}$. E. $\dfrac{1}{\pi}$.

10. 设 $I_k=\int_0^{+\infty}\frac{x^k}{(1+x^2)^2}dx(k=0,1,2)$,则

A. $I_0<I_1<I_2$.　　B. $I_2<I_1<I_0$.　　C. $I_0=I_1<I_2$.

D. $I_0<I_1=I_2$.　　E. $I_1<I_0=I_2$.

11. 设 a,b,λ 均为实数,且 $a>0,b>0,b\neq 1,I=\frac{1}{a}\int_{-a}^{a}\frac{1}{1+b^{\lambda x}}dx$,则 I 的值

A. 仅与 a 的取值有关.　　B. 仅与 b 的取值有关.

C. 仅与 λ 的取值有关.　　D. 与 b,λ 的取值均有关.

E. 与 a,b,λ 的取值均无关.

12. 设 $f(x)=\int_0^x xe^{-t^2}dt$,则

A. 函数 $f(x)$ 有且仅有一个极小值,其图形有且仅有一个拐点.

B. 函数 $f(x)$ 有且仅有一个极小值,其图形有两个拐点.

C. 函数 $f(x)$ 有且仅有一个极大值,其图形有且仅有一个拐点.

D. 函数 $f(x)$ 有且仅有一个极大值,其图形有两个拐点.

E. 函数 $f(x)$ 有一个极大值,有一个极小值,其图形有两个拐点.

13. 设 $f(x)=\int_1^x\frac{\ln t}{t+1}dt$,则 $f(e)+f\left(\frac{1}{e}\right)=$

A. 0.　　B. $\frac{1}{4}$.　　C. $\frac{1}{2}$.　　D. 1.　　E. 2.

14. 设 $f(x)$ 为连续函数,且 $f(x)=x^2\int_0^1 f(x)dx+\sqrt{1-x^2}$,则$\int_{-1}^{1}f(x)dx=$

A. $\frac{3\pi}{8}$.　　B. $\frac{\pi}{2}$.　　C. $\frac{3}{4}\pi$.　　D. π.　　E. $\frac{3\pi}{2}$.

15. 曲线 $y=x\ln x$ 与 $y=(4-x)\ln x$ 所围成的平面图形的面积为

A. $2\ln 2-\frac{5}{4}$.　　B. $2\ln 2-\frac{5}{2}$.　　C. $4\ln 2-\frac{5}{4}$.

D. $4\ln 2-\frac{5}{2}$.　　E. $4\ln 2-\frac{3}{2}$.

16. 设 D 是由曲线 $y=x^3$ 与 $y=x^2$ 所围成的平面图形,D 绕 x 轴与 y 轴旋转一周所形成的旋转体的体积分别记为 V_x,V_y,则 $V_x:V_y=$

A. 2 : 3.　　B. 3 : 5.　　C. 4 : 5.　　D. 4 : 7.　　E. 5 : 7.

17. 设 $f(u)$ 为可微函数,$z=f\left(\arctan\frac{x+y}{x-y}\right)$,则

A. $y\frac{\partial z}{\partial x}-x\frac{\partial z}{\partial y}=0$.　　B. $x\frac{\partial z}{\partial x}-y\frac{\partial z}{\partial y}=0$.　　C. $y\frac{\partial z}{\partial x}+x\frac{\partial z}{\partial y}=0$.

D. $x\frac{\partial z}{\partial x}+y\frac{\partial z}{\partial y}=0$.　　E. $y\frac{\partial z}{\partial x}-x\frac{\partial z}{\partial y}=-1$.

18. 设函数 $f(u,v)$ 满足 $f\left(x+y,\dfrac{y}{x}\right)=x^2-y^2$，则 $f'_u(1,1)$ 与 $f'_v(1,1)$ 依次为

A. $0,-\dfrac{1}{2}$.　　B. $0,\dfrac{1}{2}$.　　C. $-\dfrac{1}{2},0$.

D. $\dfrac{1}{2},0$.　　E. $\dfrac{1}{2},-\dfrac{1}{2}$.

19. 设 $z=f(x,y)$ 是由方程 $z^3-3xyz+x^3=9$ 所确定的函数，则 $\mathrm{d}z\big|_{(1,0)}=$

A. $-\dfrac{1}{4}\mathrm{d}x+\dfrac{1}{2}\mathrm{d}y$.　　B. $-\dfrac{1}{4}\mathrm{d}x-\dfrac{1}{2}\mathrm{d}y$.　　C. $\dfrac{1}{4}\mathrm{d}x-\dfrac{1}{2}\mathrm{d}y$.

D. $\dfrac{1}{4}\mathrm{d}x+\dfrac{1}{2}\mathrm{d}y$.　　E. $\dfrac{1}{2}\mathrm{d}x-\dfrac{1}{4}\mathrm{d}y$.

20. 设函数 $f(x,y)=2x^3-3x^2+y^2-2y$，则

A. $f(0,1)$ 不是极值，$f(1,1)$ 是极大值.　　B. $f(0,1)$ 不是极值，$f(1,1)$ 是极小值.

C. $f(0,1)$ 是极小值，$f(1,1)$ 不是极值.　　D. $f(0,1)$ 是极大值，$f(1,1)$ 不是极值.

E. $f(0,1)$ 是极大值，$f(1,1)$ 是极小值.

21. 设 $z=f(x,y)$ 在点 (x_0,y_0) 处的偏导数存在，且 $\lim\limits_{x\to 0}\dfrac{f(x_0+2x,y_0)-f(x_0-2x,y_0)}{x}=2$，则 $f'_x(x_0,y_0)=$

A. $\dfrac{1}{4}$.　　B. $\dfrac{1}{2}$.　　C. 1.　　D. 2.　　E. 4.

22. 设 a,b,c 是互异的实数，$D=\begin{vmatrix} a & b & c \\ a^2 & b^2 & c^2 \\ b+c & c+a & a+b \end{vmatrix}$，则 $D=0$ 的充分必要条件是

A. $a+b+c=0$.　　B. $abc=1$.　　C. $ab+bc+ca=0$.

D. $ab+bc+ca=1$.　　E. $a^3+b^3+c^3=0$.

23. 设 $\boldsymbol{A}$ 是 n 阶方阵，$|\boldsymbol{A}|=k\neq 0$，$\boldsymbol{A}^*$ 是 $\boldsymbol{A}$ 的伴随矩阵，则 $(k\boldsymbol{A}^{-1})^*=$

A. $k^{n-2}\boldsymbol{A}$.　　B. $k^{n-1}\boldsymbol{A}$.　　C. $k^{n}\boldsymbol{A}$.　　D. $k^{n+1}\boldsymbol{A}$.　　E. $k^{n+2}\boldsymbol{A}$.

24. 设 $\boldsymbol{A}=\begin{pmatrix} 1 & 2 & k \\ 1 & k+1 & 1 \\ k & 2 & 1 \end{pmatrix}$，$\boldsymbol{B}$ 是 3 阶非零矩阵，且 $\boldsymbol{AB}=\boldsymbol{O}$，则

A. 当 $k=1$ 时，$r(\boldsymbol{B})=1$.　　B. 当 $k=1$ 时，$r(\boldsymbol{B})=2$.

C. 当 $k=0$ 时，$r(\boldsymbol{B})=2$.　　D. 当 $k=-3$ 时，$r(\boldsymbol{B})=2$.

E. 当 $k=-3$ 时，$r(\boldsymbol{B})=1$.

25. 设矩阵 $\boldsymbol{A}=\begin{pmatrix} a_{11} & a_{12} \\ a_{21} & a_{22} \end{pmatrix}$，$\boldsymbol{B}=\begin{pmatrix} a_{12} & a_{11} \\ a_{12}+a_{22} & a_{11}+a_{21} \end{pmatrix}$，$\boldsymbol{P}_1=\begin{pmatrix} 0 & 1 \\ 1 & 0 \end{pmatrix}$，$\boldsymbol{P}_2=\begin{pmatrix} 1 & 0 \\ 1 & 1 \end{pmatrix}$，则 $\boldsymbol{B}=$

A. $\boldsymbol{AP}_1\boldsymbol{P}_2$.　　B. $\boldsymbol{AP}_2\boldsymbol{P}_1$.　　C. $\boldsymbol{P}_2\boldsymbol{P}_1\boldsymbol{A}$.　　D. $\boldsymbol{P}_2\boldsymbol{AP}_1$.　　E. $\boldsymbol{P}_1\boldsymbol{AP}_2$.

26. 设 $\boldsymbol{A},\boldsymbol{B}$ 均为 3 阶矩阵，$\boldsymbol{B}=\begin{pmatrix}4&0&2\\0&6&0\\2&0&8\end{pmatrix}$，且满足 $\boldsymbol{AB}=2\boldsymbol{A}+\boldsymbol{B}$，则 $|\boldsymbol{A}-\boldsymbol{E}|=$

A. $\frac{1}{8}$.　　B. $\frac{1}{6}$.　　C. $\frac{1}{4}$.　　D. $\frac{1}{3}$.　　E. $\frac{1}{2}$.

27. 设 $\boldsymbol{A}$ 是 $m\times n$ 矩阵，$\boldsymbol{B}$ 是 $n\times m$ 矩阵，且 $m<n$. 若 $\boldsymbol{AB}=\boldsymbol{E}$，则

A. $\boldsymbol{A}$ 的行向量组线性相关，$\boldsymbol{B}$ 的行向量组线性无关.

B. $\boldsymbol{A}$ 的行向量组线性相关，$\boldsymbol{B}$ 的列向量组线性无关.

C. $\boldsymbol{A}$ 的列向量组线性无关，$\boldsymbol{B}$ 的行向量组线性相关.

D. $\boldsymbol{A}$ 的列向量组线性相关，$\boldsymbol{B}$ 的行向量组线性无关.

E. $\boldsymbol{A}$ 的行向量组线性无关，$\boldsymbol{B}$ 的行向量组线性相关.

28. 设 $\boldsymbol{A}=\begin{pmatrix}1&1&0&0\\0&1&1&0\\0&0&1&1\\1&0&0&1\end{pmatrix}$，$\boldsymbol{b}=\begin{pmatrix}a_1\\a_2\\a_3\\a_4\end{pmatrix}$，则线性方程组 $\boldsymbol{Ax}=\boldsymbol{b}$ 有解的充分必要条件是

A. $a_1+a_2+a_3+a_4=0$.　　B. $a_1-a_2+a_3-a_4=0$.　　C. $a_1+a_2-a_3-a_4=0$.

D. $a_1-a_2-a_3+a_4=0$.　　E. $a_1+a_2+a_3+a_4=1$.

29. 设 A,B 为随机事件，且 $0<P(B)<1$，$P(A)>0$，$P(B|A)=1$，则必有

A. $P(A|B)=1$.　　B. $P(\overline{A}|B)=0$.　　C. $P(\overline{A}|B)=1$.

D. $P(\overline{A}|\overline{B})=0$.　　E. $P(A|\overline{B})=0$.

30. 设事件 A,B 相互独立，且 $P(A)=0.5$，$P(A+B)=0.8$，则 $P(AB)=$

A. 0.1.　　B. 0.2.　　C. 0.3.　　D. 0.4.　　E. 0.5.

31. 设连续型随机变量 X 的分布函数为 $F(x)=\begin{cases}0, & x<-2,\\ A+B\arcsin\frac{x}{2}, & -2\leqslant x<2,\\ C, & x\geqslant 2,\end{cases}$ 则 $P\{1<X<3\}=$

A. $\frac{1}{6}$.　　B. $\frac{1}{3}$.　　C. $\frac{1}{2}$.　　D. $\frac{2}{3}$.　　E. $\frac{5}{6}$.

32. 设随机变量 X 服从区间 $[0,2]$ 上的均匀分布，对 X 独立地重复观察 3 次，用 Y 表示观察值小于 1 的次数，则 $P\{Y\geqslant 1\}=$

A. $\frac{1}{8}$.　　B. $\frac{1}{4}$.　　C. $\frac{1}{2}$.　　D. $\frac{3}{4}$.　　E. $\frac{7}{8}$.

33. 设随机变量 X 服从参数为 $\lambda=3$ 的泊松分布，$Y=2X+2$，则

A. $2E(Y)=D(Y)$.　　B. $2E(Y)=3D(Y)$.　　C. $3E(Y)=2D(Y)$.

D. $3E(Y)=4D(Y)$.　　E. $4E(Y)=3D(Y)$.

34. 设随机变量 X 服从指数分布，若 $P\{0 \leqslant X \leqslant 1\} = \frac{1}{2}$，则 $P\{3 \leqslant X \leqslant 4\} =$

A. $\frac{1}{16}$.　　B. $\frac{1}{8}$.　　C. $\frac{1}{4}$.　　D. $\frac{1}{3}$.　　E. $\frac{1}{2}$.

35. 设随机变量 $X \sim B(4,p)$，且 $E[(X+1)(X+2)] = 18$，则 $p =$

A. $\frac{1}{6}$.　　B. $\frac{1}{3}$.　　C. $\frac{1}{2}$.　　D. $\frac{2}{3}$.　　E. $\frac{3}{4}$.

经济类综合能力数学预测试题(二)

数学基础:第 1 ～ 35 小题,每小题 2 分,共 70 分。下列每题给出的五个选项中,只有一个选项是最符合题目要求的。

1. 设 $f(x)=\dfrac{2x-\sin x}{x+\sin 2x}-\lim\limits_{x\to\infty}f(x)$,则$\lim\limits_{x\to 0}f(x)=$

A. $-\dfrac{2}{3}$.　　B. $-\dfrac{1}{3}$.　　C. $-\dfrac{1}{6}$.　　D. 0.　　E. 1.

2. 将 $x\to 0$ 时的无穷小 $\alpha(x)=\tan x-\sin x$,$\beta(x)=\cos x^2-1$,$\gamma(x)=\sqrt{\cos x}-1$ 进行排列,使排在后面的是前一个的高阶无穷小,则正确的排列次序是

A. $\alpha(x),\beta(x),\gamma(x)$.　　B. $\alpha(x),\gamma(x),\beta(x)$.　　C. $\beta(x),\gamma(x),\alpha(x)$.

D. $\gamma(x),\alpha(x),\beta(x)$.　　E. $\beta(x),\alpha(x),\gamma(x)$.

3. 对于数列$\{a_n\}$,考虑下列命题:

① 若 $0<a_n<1(\forall n\in \mathbf{N}_+)$,则$\lim\limits_{n\to\infty}a_n^n=0$;

② 若 $a_n>1(\forall n\in \mathbf{N}_+)$,则$\lim\limits_{n\to\infty}a_n^n=+\infty$;

③ 若 $a_n>0(\forall n\in \mathbf{N}_+)$,且$\lim\limits_{n\to\infty}\sqrt[n]{a_n}=1$,则$\lim\limits_{n\to\infty}a_n$ 必存在;

④ 若 $a_n>0(\forall n\in \mathbf{N}_+)$,且$\lim\limits_{n\to\infty}a_n=a>0$,则$\lim\limits_{n\to\infty}\sqrt[n]{a_n}=1$.

其中所有真命题的序号为

A. ①.　　B. ②.　　C. ③.　　D. ④.　　E. ①④.

4. 函数 $f(x)=\dfrac{x}{(x^2-1)\tan x}$ 在区间$(-2,2)$内的第一类间断点的个数为

A. 1.　　B. 2.　　C. 3.　　D. 4.　　E. 5.

5. 设 $f(x)=(x^x-1)g(x)$,且 $g(x)$ 在 $x=1$ 的某邻域内有定义,则 $f(x)$ 在 $x=1$ 处可导的充分必要条件是

A. $\lim\limits_{x\to 1}g(x)=0$.　　B. $\lim\limits_{x\to 1}g(x)$ 存在.

C. $g(x)$ 在 $x=1$ 处连续.　　D. $g(x)$ 在 $x=1$ 处连续,且 $g(1)=0$.

E. $g(x)$ 在 $x=1$ 处可导.

6. 设函数 $f(x)$ 在 $x=a$ 处连续,则错误的命题是

A. 若$\lim\limits_{x\to a}\dfrac{f(x)}{x-a}$存在,则 $f(a)=0$.

B. 若$\lim\limits_{x\to a}\dfrac{f(x)}{x-a}$存在,则 $f'(a)$ 存在.

C. 若$\lim\limits_{x\to a}\dfrac{f(x)}{(x-a)^2}$存在，则$f'(a)=0$.

D. 若$\lim\limits_{x\to 0}\dfrac{f(a+x)+f(a-x)}{x}$存在，则$f(a)=0$.

E. 若$\lim\limits_{x\to 0}\dfrac{f(a+x)-f(a-x)}{x}$存在，则$f'(a)$存在.

7. 设函数$f(x)=\dfrac{2x-1}{2x+1}$，则$f^{(n)}(1)=$

A. $\dfrac{2(-1)^{n+1}n!}{3^{n+1}}$.　　B. $\dfrac{2(-1)^{n}n!}{3^{n+1}}$.　　C. $\dfrac{(-2)^{n+1}n!}{3^{n+1}}$.

D. $\dfrac{(-2)^{n}n!}{3^{n+1}}$.　　E. $\dfrac{(-1)^{n+1}2^{n}n!}{3^{n+1}}$.

8. 设$f(x)$为可导函数，$a<b$. 若$f(a)=f(b)=0$，$f'(a)\cdot f'(b)>0$，则方程$f'(x)=0$在(a,b)内

A. 至少有一个实根.　　B. 至多有一个实根.　　C. 至少有两个实根.

D. 至多有两个实根.　　E. 有且仅有一个实根.

9. 若点$(1,-2)$是曲线$y=ax^5+bx^4$的拐点，则该曲线在点$(1,-2)$处的切线方程为

A. $x-2y-5=0$.　　B. $2x-y-4=0$.　　C. $4x-y-6=0$.

D. $4x+y-2=0$.　　E. $5x+y-3=0$.

10. 设M,m依次为函数$f(x)=3x^4-16x^3+18x^2$在$[-1,2]$上的最大值与最小值，则$M+m=$

A. -27.　　B. -22.　　C. 5.　　D. 10.　　E. 29.

11. 设$x_n=n^2\left(\dfrac{1}{n^4+1}+\dfrac{2}{n^4+2^4}+\cdots+\dfrac{n}{n^4+n^4}\right)$，则$\lim\limits_{n\to\infty}x_n=$

A. π.　　B. $\dfrac{3\pi}{4}$.　　C. $\dfrac{\pi}{2}$.　　D. $\dfrac{\pi}{4}$.　　E. $\dfrac{\pi}{8}$.

12. 设函数$f(x)$连续，$F(x)=\int_0^x f(t+x)\mathrm{d}t$，则$F'(x)=$

A. $f(2x)$.　　B. $2f(2x)$.　　C. $f(2x)-f(x)$.

D. $f(2x)-2f(x)$.　　E. $2f(2x)-f(x)$.

13. 设λ为实数，$I_\lambda=\int_{\frac{1}{\sqrt{3}}}^{\sqrt{3}}\dfrac{1}{(1+x^\lambda)(1+x^2)}\mathrm{d}x$，则

A. $I_\lambda=0$.　　B. $I_\lambda=\dfrac{\pi}{12}$.　　C. $I_\lambda=\dfrac{\pi}{6}$.

D. $I_\lambda=\dfrac{\pi}{3}$.　　E. I_λ的值与λ有关.

14. 设 $I_1=\int_0^{\frac{\pi}{4}}\ln(1+\sin x)\mathrm{d}x, I_2=\int_0^{\frac{\pi}{4}}\ln(1+\cos x)\mathrm{d}x$，则

A. $I_1<I_2<\frac{\sqrt{2}}{2}$.　　B. $I_1<\frac{\sqrt{2}}{2}<I_2$.　　C. $\frac{\sqrt{2}}{2}<I_1<I_2$.

D. $I_2<I_1<\frac{\sqrt{2}}{2}$.　　E. $I_2<\frac{\sqrt{2}}{2}<I_1$.

15. 若曲线 $y=x^3$ 与直线 $y=kx$ 所围平面图形的面积为 1，则 $k=$

A. $\frac{1}{2}$.　　B. 1.　　C. $\sqrt{2}$.　　D. 2.　　E. 4.

16. 设 D 是由曲线 $y=k\sin x(0\leqslant x\leqslant\pi,k>0)$ 与直线 $y=0$ 所围成的平面图形，D 绕 x，y 轴旋转一周所形成的旋转体的体积依次记为 V_x,V_y，若 $V_x=V_y$，则常数 $k=$

A. $\frac{1}{4}$.　　B. $\frac{1}{2}$.　　C. 1.　　D. 2.　　E. 4.

17. 设 $z=\ln(2x)-\frac{x^2}{y}$，则 $\mathrm{d}z|_{(2,4)}=$

A. $-\frac{1}{2}\mathrm{d}x+\frac{1}{4}\mathrm{d}y$.　　B. $-\frac{1}{2}\mathrm{d}x-\frac{1}{4}\mathrm{d}y$.　　C. $-\frac{3}{4}\mathrm{d}x+\frac{1}{4}\mathrm{d}y$.

D. $-\frac{3}{4}\mathrm{d}x-\frac{1}{4}\mathrm{d}y$.　　E. $\frac{1}{2}\mathrm{d}x+\frac{1}{4}\mathrm{d}y$.

18. 设 $f(u)$ 为可微函数，$z=f\left(\arcsin\sqrt{\frac{x}{y}}\right)$，其中 $y>0$，则

A. $y\frac{\partial z}{\partial x}+x\frac{\partial z}{\partial y}=0$.　　B. $x\frac{\partial z}{\partial x}+y\frac{\partial z}{\partial y}=0$.　　C. $\frac{x}{y}\cdot\frac{\partial z}{\partial x}+\frac{y}{x}\cdot\frac{\partial z}{\partial y}=0$.

D. $\sqrt{x}\frac{\partial z}{\partial x}+\sqrt{y}\frac{\partial z}{\partial y}=0$.　　E. $\sqrt{y}\frac{\partial z}{\partial x}+\sqrt{x}\frac{\partial z}{\partial y}=0$.

19. 设函数 $f(x,y)$ 具有二阶连续偏导数，$f(x,2x)=29x^4$，$f'_x(x,2x)=43x^3$，且 $f''_{xx}(x,2x)=f''_{yy}(x,2x)$，则 $f''_{yy}(x,2x)=$

A. $15x^2$.　　B. $30x^2$.　　C. $36x^2$.　　D. $48x^2$.　　E. $72x^2$.

20. 设函数 $\Phi(u,v)$ 具有连续偏导数，$z=z(x,y)$ 是由方程 $\Phi\left(\frac{x}{z},\frac{y}{z}\right)=0$ 所确定的可微函数，则 $x\frac{\partial z}{\partial x}+y\frac{\partial z}{\partial y}=$

A. -1.　　B. 0.　　C. 1.　　D. z.　　E. $-z$.

21. 设 $f(x,y)=x^4+y^4-4xy$，则函数 $f(x,y)$ 具有

A. 两个极大值.　　B. 两个极小值.

C. 一个极大值，一个极小值.　　D. 一个极大值，两个极小值.

E. 两个极大值，一个极小值.

22. 行列式 $\begin{vmatrix} a & b & c & d \\ b & 0 & 0 & c \\ c & 0 & 0 & b \\ d & c & b & a \end{vmatrix} =$

A. $(d^2-a^2)(b^2-c^2)$.　　B. $(a^2-d^2)(b^2-c^2)$.

C. $(a^2-c^2)(b^2-d^2)$.　　D. $(b^2-c^2)^2$.

E. $(a^2-d^2)^2$.

23. 设 $D = \begin{vmatrix} 1 & 1 & 1 & 1 \\ 1 & 2 & 0 & 0 \\ 1 & 0 & 3 & 0 \\ 1 & 0 & 0 & 4 \end{vmatrix}$，则行列式 D 的所有元素的代数余子式之和为

A. -4.　　B. -2.　　C. 0.　　D. 2.　　E. 4.

24. 设 $\boldsymbol{A} = \begin{pmatrix} 1 & 1 & 1 & a \\ 1 & 1 & a & 1 \\ 1 & a & 1 & 1 \\ a & 1 & 1 & 1 \end{pmatrix}$，$\boldsymbol{A}^*$ 是 $\boldsymbol{A}$ 的伴随矩阵，若 $r(\boldsymbol{A}^*) = 1$，则 $a =$

A. -3.　　B. -1.　　C. 0.　　D. 1.　　E. 3.

25. 设 n 阶矩阵 $\boldsymbol{A}, \boldsymbol{B}$ 满足 $\boldsymbol{AB} = \boldsymbol{A} + \boldsymbol{B}$，则一定可逆的矩阵为

A. $\boldsymbol{A}+\boldsymbol{B}$.　　B. $\boldsymbol{A}-\boldsymbol{B}$.　　C. $\boldsymbol{A}+\boldsymbol{E}$.

D. $\boldsymbol{A}-\boldsymbol{E}$.　　E. $\boldsymbol{B}+\boldsymbol{E}$.

26. 设 $\boldsymbol{A}$ 为 3 阶矩阵，将 $\boldsymbol{A}$ 的第 2 列加到第 1 列得矩阵 $\boldsymbol{B}$，再将 $\boldsymbol{B}$ 的第 2 行与第 3 行互换得单位矩阵 $\boldsymbol{E}$，则 $\boldsymbol{A}^{-1} =$

A. $\begin{pmatrix} 1 & 0 & 0 \\ 1 & 0 & 1 \\ 0 & 1 & 0 \end{pmatrix}$.　　B. $\begin{pmatrix} 1 & 0 & 0 \\ 1 & 0 & 1 \\ 1 & 1 & 0 \end{pmatrix}$.　　C. $\begin{pmatrix} 1 & 0 & 0 \\ 0 & 1 & 0 \\ 1 & 0 & 1 \end{pmatrix}$.

D. $\begin{pmatrix} 1 & 0 & 0 \\ 0 & 0 & 1 \\ 1 & 1 & 0 \end{pmatrix}$.　　E. $\begin{pmatrix} 1 & 0 & 0 \\ 0 & 0 & 1 \\ 0 & 1 & 1 \end{pmatrix}$.

27. 设 4 维列向量组 $\boldsymbol{\alpha}_1, \boldsymbol{\alpha}_2, \boldsymbol{\alpha}_3$ 线性无关，$\boldsymbol{A} = (\boldsymbol{\alpha}_1, \boldsymbol{\alpha}_2, \boldsymbol{\alpha}_3)$，$\boldsymbol{\beta}_1, \boldsymbol{\beta}_2$ 为 4 维非零列向量，且 $\boldsymbol{\beta}_1 \neq \boldsymbol{\beta}_2$. 若 $\boldsymbol{A}^{\mathrm{T}}\boldsymbol{\beta}_i = \boldsymbol{0}(i = 1,2)$，则

A. $\boldsymbol{\beta}_1, \boldsymbol{\beta}_2$ 线性相关.

B. $\boldsymbol{\beta}_1, \boldsymbol{\beta}_2$ 线性无关.

C. $\boldsymbol{\alpha}_1,\boldsymbol{\alpha}_2,\boldsymbol{\alpha}_3,\boldsymbol{\beta}_1$ 线性相关.

D. $\boldsymbol{\alpha}_1,\boldsymbol{\alpha}_2,\boldsymbol{\alpha}_3,\boldsymbol{\beta}_2$ 线性相关.

E. $\boldsymbol{\alpha}_1,\boldsymbol{\alpha}_2,\boldsymbol{\beta}_1,\boldsymbol{\beta}_2$ 线性无关.

28. 设 $\boldsymbol{A}$ 为 3 阶矩阵, $\boldsymbol{b}=\begin{pmatrix}2\\2\\2\end{pmatrix}$. 若线性方程组 $\boldsymbol{Ax}=\boldsymbol{b}$ 的通解为 $\boldsymbol{x}=\begin{pmatrix}1\\1\\1\end{pmatrix}+k_1\begin{pmatrix}2\\1\\0\end{pmatrix}+k_2\begin{pmatrix}1\\0\\1\end{pmatrix}$,则 $\boldsymbol{A}$ 的第 1 列元素为

A. $\begin{pmatrix}-4\\-4\\-4\end{pmatrix}$.　　B. $\begin{pmatrix}-2\\-2\\-2\end{pmatrix}$.　　C. $\begin{pmatrix}-1\\-1\\-1\end{pmatrix}$.

D. $\begin{pmatrix}1\\1\\1\end{pmatrix}$.　　E. $\begin{pmatrix}2\\2\\2\end{pmatrix}$.

29. 设 A,B 为互不相容的随机事件,则必有

A. $P(\overline{A}\,\overline{B})=0$.　　B. $P(\overline{A}\,\overline{B})=1$.　　C. $P(\overline{A}\cup\overline{B})=0$.

D. $P(\overline{A}\cup\overline{B})=1$.　　E. $P(A)+P(B)=1$.

30. 设 A,B 是随机事件, $P(A)=0.5$, $P(A+B)=0.9$, $P(A-B)=0.1$,则 $P(A|B)=$

A. 0.2.　　B. 0.3.　　C. 0.4.　　D. 0.5.　　E. 0.6.

31. 设随机变量 X 的分布函数为 $F(x)=A+B\arctan x(-\infty<x<+\infty)$,则 $P\{|X|\leqslant 1\}=$

A. $\frac{1}{8}$.　　B. $\frac{1}{4}$.　　C. $\frac{1}{2}$.　　D. $\frac{2}{3}$.　　E. $\frac{3}{4}$.

32. 设随机变量 X 服从正态分布,其概率密度 $f(x)$ 在 $x=1$ 处取得最大值且最大值为 $f(1)=1$,则 X 服从

A. $N(0,1)$.　　B. $N(1,1)$.　　C. $N\left(1,\frac{1}{\sqrt{2\pi}}\right)$.

D. $N\left(1,\frac{1}{2\pi}\right)$.　　E. $N\left(1,\frac{1}{\sqrt{2}\,\pi}\right)$.

33. 设连续型随机变量 X 的概率密度为 $f(x)=\begin{cases}x, & 0\leqslant x<1,\\ a-x, & 1\leqslant x\leqslant 2,\\ 0, & \text{其他},\end{cases}$ 则 $P\left\{\frac{1}{2}\leqslant X<\frac{3}{2}\right\}=$

A. $\frac{1}{3}$.　　B. $\frac{3}{8}$.　　C. $\frac{1}{2}$.

D. $\frac{2}{3}$.　　E. $\frac{3}{4}$.

34. 设随机变量 X 服从区间[0,4]上的均匀分布，$Y=\begin{cases}-4, & X<1, \\ 1, & 1\leqslant X\leqslant 3, \\ 2, & X>3,\end{cases}$ 则 $E(Y)=$

A. $-\frac{1}{2}$.　　B. 0.　　C. $\frac{1}{4}$.

D. $\frac{1}{2}$.　　E. 1.

35. 设随机变量 X 服从参数为 λ 的泊松分布，且 $E[(X-1)(X-2)]=2$，则 $D(X)=$

A. $\frac{1}{2}$.　　B. 1.　　C. 2.

D. 3.　　E. 4.

经济类综合能力数学预测试题(三)

数学基础:第 1 ～ 35 小题,每小题 2 分,共 70 分。下列每题给出的五个选项中,只有一个选项是最符合题目要求的。

1. 设 $f(x)=\dfrac{\sin x}{x}+x\sin\dfrac{2}{x}+x\arcsin\dfrac{3}{x}$,则

A. $\lim\limits_{x\to 0}f(x)=1,\lim\limits_{x\to\infty}f(x)=5$.　　B. $\lim\limits_{x\to 0}f(x)=5,\lim\limits_{x\to\infty}f(x)=1$.

C. $\lim\limits_{x\to 0}f(x)=3,\lim\limits_{x\to\infty}f(x)=4$.　　D. $\lim\limits_{x\to 0}f(x)=4,\lim\limits_{x\to\infty}f(x)=3$.

E. $\lim\limits_{x\to 0}f(x)=6,\lim\limits_{x\to\infty}f(x)=5$.

2. 设 a,b 为正实数,则 $\lim\limits_{x\to+\infty}\left[\sqrt{(x+a)(x+b)}-x\right]=$

A. $\sqrt{a+b}$.　　B. $\sqrt{ab}$.　　C. $\dfrac{a+b}{2}$.　　D. $\dfrac{ab}{2}$.　　E. ab.

3. 当 $x\to 0^+$ 时,与 $(\arctan\sqrt{x})^2-x$ 同阶的无穷小是

A. x.　　B. $x\sqrt{x}$.　　C. x^2.　　D. $x^2\sqrt{x}$.　　E. x^3.

4. 曲线 $y=(x-1)e^{-\frac{1}{x}}$ 的斜渐近线方程为

A. $y=x-2$.　　B. $y=x-1$.　　C. $y=x$.

D. $y=x+1$.　　E. $y=x+2$.

5. 若 $x=0$ 是函数 $f(x)=\begin{cases}e^{\frac{\alpha}{x}}, & x<0,\\ x^{\alpha}\sin x, & x>0\end{cases}$ 的第二类间断点,则常数 α 的取值范围为

A. $\alpha<-1$.　　B. $\alpha<0$.　　C. $\alpha>-1$.

D. $\alpha>0$.　　E. $-1<\alpha<0$.

6. 设函数 $f(x)=\varphi\left(\dfrac{1-x}{1+x}\right)$ 可导,若 $f'(0)=1$,则 $\varphi'(1)=$

A. -2.　　B. -1.　　C. $-\dfrac{1}{2}$.　　D. $\dfrac{1}{2}$.　　E. 2.

7. 曲线 $3x-2xy+e^y=1$ 在点 $(0,0)$ 处的切线方程为

A. $2x-y=0$.　　B. $2x+y=0$.　　C. $x+3y=0$.

D. $3x+y=0$.　　E. $3x-y=0$.

8. 设函数 $f(x)$ 在 $x=0$ 的某一邻域内有定义,$F(x)=f(x)(1-\sqrt{1+|x|})$,则函数 $F(x)$ 在 $x=0$ 处可导的充分必要条件是

A. $f(0)=0$.　　B. $\lim\limits_{x\to 0}f(x)$ 存在.

C. $f(x)$ 在 $x=0$ 处连续.　　D. $\lim\limits_{x\to 0}f(x)=0$.

E. $\lim\limits_{x\to 0^-}f(x)$ 与 $\lim\limits_{x\to 0^+}f(x)$ 都存在且异号.

9. 设 $f(x)=x^3-6x^2+9x$,则在区间(1,3) 内

A. 函数 $f(x)$ 单调减少且其图形是凹的.　　B. 函数 $f(x)$ 单调减少且其图形是凸的.

C. 函数 $f(x)$ 单调增加且其图形是凹的.　　D. 函数 $f(x)$ 单调增加且其图形是凸的.

E. 函数 $f(x)$ 单调减少且其图形有拐点.

10. 设函数 $f(x)$ 在$(-\infty,+\infty)$ 上具有二阶导数,且 $f''(x)<0$,则对任意 $x\in(-\infty,+\infty)$,有

A. $f'(x)<f'(x+1)<f(x+1)-f(x)$.

B. $f'(x+1)<f'(x)<f(x+1)-f(x)$.

C. $f(x+1)-f(x)<f'(x+1)<f'(x)$.

D. $f'(x+1)<f(x+1)-f(x)<f'(x)$.

E. $f'(x)<f(x+1)-f(x)<f'(x+1)$.

11. $\int e^{2|x|}\,dx=$

A. $\frac{1}{2}e^{2|x|}+C$.　　B. $\frac{|x|}{2x}e^{2|x|}+C$.

C. $\begin{cases}-\frac{1}{2}e^{-2x}+C, & x<0,\\ \frac{1}{2}e^{2x}+C, & x\geqslant 0.\end{cases}$　　D. $\begin{cases}-\frac{1}{2}e^{-2x}+C, & x<0,\\ \frac{1}{2}e^{2x}+1+C, & x\geqslant 0.\end{cases}$

E. $\begin{cases}-\frac{1}{2}e^{-2x}+C, & x<0,\\ \frac{1}{2}e^{2x}-1+C, & x\geqslant 0.\end{cases}$

12. 设函数 $f(x)$ 的一个原函数为 $\ln(1-2x)$,则$\int xf'(x)\,dx=$

A. $\frac{2x}{2x-1}-\ln(1-2x)+C$.　　B. $\frac{2x}{1-2x}-\ln(1-2x)+C$.

C. $\frac{x}{1-2x}-\ln(1-2x)+C$.　　D. $\frac{x}{2x-1}-\ln(1-2x)+C$.

E. $\frac{1}{1-2x}-\ln(1-2x)+C$.

13. 设函数 $f(x)$ 在$(-\infty,+\infty)$ 上连续,若$\int_{\frac{1}{2}}^{2}xf\left(x+\frac{1}{x}\right)dx=\int_a^b\frac{1}{x^k}f\left(x+\frac{1}{x}\right)dx$,已知$k>0$,则 a,b,k 的值依次为

A. $\frac{1}{2}$,2,1.　　B. $\frac{1}{2}$,2,2.　　C. $\frac{1}{2}$,2,3.　　D. 2,$\frac{1}{2}$,1.　　E. 2,$\frac{1}{2}$,3.

14. 关于反常积分 $I=\int_0^{+\infty}\frac{1}{x^p}dx$ 的收敛性,下列结论正确的是

A. 当 $0<p<1$ 时收敛.　　B. 当 $p>1$ 时收敛.　　C. 当 $p\neq 1$ 时收敛.

D. 当 $p>0$ 时收敛.　　E. 对 $p>0$ 的任意取值均不收敛.

15. 曲线 $x=\sqrt{4-y}$ 与直线 $x=1,x=3$ 及 x 轴所围平面图形的面积可用定积分表示为

A. $\int_1^3(4-x^2)\mathrm{d}x$.　　B. $\int_1^3(x^2-4)\mathrm{d}x$.　　C. $\left|\int_1^3(4-x^2)\mathrm{d}x\right|$.

D. $\int_1^3|4-x^2|\mathrm{d}x$.　　E. $\int_{-5}^3\sqrt{4-y}\,\mathrm{d}y$.

16. 设 D 是由曲线 $y=x^2$ 与直线 $y=ax(a>0)$ 所围成的平面图形,已知 D 分别绕 x 轴与 y 轴旋转一周所形成的旋转体的体积相等,则常数 $a=$

A. 2.　　B. $\frac{3}{2}$.　　C. $\frac{4}{3}$.　　D. $\frac{5}{4}$.　　E. $\frac{6}{5}$.

17. 函数 $f(x,y)=\begin{cases}\frac{xy}{\sqrt{x^4+y^4}}, & (x,y)\neq(0,0),\\ 0, & (x,y)=(0,0)\end{cases}$ 在点 $(0,0)$ 处

A. 极限存在但不连续.　　B. 连续但偏导数不存在.

C. 不连续但偏导数存在.　　D. 连续且偏导数存在.

E. 不连续且偏导数不存在.

18. 设 $f(x,y)$ 具有连续偏导数,$f(1,1)=1,f'_x(1,1)=2,f'_y(1,1)=3,z=f[f(x,y),y]$,则 $\left.\frac{\partial z}{\partial x}\right|_{\substack{x=1\\y=1}}$ 与 $\left.\frac{\partial z}{\partial y}\right|_{\substack{x=1\\y=1}}$ 依次为

A. 2,3.　　B. 2,6.　　C. 2,9.　　D. 4,6.　　E. 4,9.

19. 设 $u=f(r)$,其中 f 具有二阶连续导数,$r=\sqrt{x^2+y^2+z^2}$,则 $\frac{\partial^2 u}{\partial x^2}+\frac{\partial^2 u}{\partial y^2}+\frac{\partial^2 u}{\partial z^2}=$

A. $f''(r)+\frac{1}{r}f'(r)$.　　B. $f''(r)+\frac{2}{r}f'(r)$.　　C. $f''(r)+\frac{1}{2r}f'(r)$.

D. $f''(r)+\frac{1}{r^2}f'(r)$.　　E. $f''(r)+\frac{2}{r^2}f'(r)$.

20. 设函数 $z=f(x,y)$ 的全微分为 $\mathrm{d}z=(x^2-y)\mathrm{d}x+(y^2-x)\mathrm{d}y$,则

A. $f(0,0)$ 不是极值,$f(1,1)$ 是极大值.　　B. $f(0,0)$ 是极大值,$f(1,1)$ 不是极值.

C. $f(0,0)$ 是极小值,$f(1,1)$ 是极大值.　　D. $f(0,0)$ 不是极值,$f(1,1)$ 是极小值.

E. $f(0,0)$ 是极小值,$f(1,1)$ 不是极值.

21. 函数 $z=x^2-y^2$ 在约束条件 $4x^2+y^2=4$ 下的最大值与最小值之和为

A. -4.　　B. -3.　　C. -2.　　D. 1.　　E. 2.

22. 设 $\boldsymbol{A}$ 为 m 阶方阵,$\boldsymbol{B}$ 为 n 阶方阵,$\boldsymbol{C}=\begin{pmatrix}\boldsymbol{O} & \boldsymbol{A}^*\\ \boldsymbol{B}^* & \boldsymbol{O}\end{pmatrix}$,若 $|\boldsymbol{A}|=a\neq0$, $|\boldsymbol{B}|=b\neq0$,则 $|\boldsymbol{C}^{-1}|=$

A. $\frac{(-1)^{mn}}{a^{m-1}b^{n-1}}$.　　B. $\frac{(-1)^{m+n}}{a^{m-1}b^{n-1}}$.　　C. $\frac{(-1)^{mn}}{a^m b^n}$.

D. $\frac{(-1)^{m+n}}{a^m b^n}$.　　E. $\frac{(-1)^{m+n}}{a^{m+1}b^{n+1}}$.

23. 设 $f(x)=\begin{vmatrix}1 & 2x & 3 & 4\\ 2 & 3x & 4 & 1\\ 3 & 4 & x & 2\\ 4 & 1 & 2 & 3x\end{vmatrix}$，则 $f'''(x)=$

A. -72.　　B. -54.　　C. -18.　　D. 18.　　E. 54.

24. 设 $\boldsymbol{A}^*$ 及 $\boldsymbol{B}$ 都是 4 阶非零矩阵，且 $\boldsymbol{AB}=\boldsymbol{O}$，则秩 $r(\boldsymbol{B})=$

A. 1 或 2.　　B. 1.　　C. 2.　　D. 3.　　E. 4.

25. 设 $\boldsymbol{A},\boldsymbol{B}$ 为 3 阶方阵，$\boldsymbol{B}=\begin{pmatrix}2 & -2 & 0\\ -2 & 2 & -2\\ 0 & -2 & 2\end{pmatrix}$，且满足 $\boldsymbol{AB}=\boldsymbol{A}-\boldsymbol{B}$，则 $(\boldsymbol{A}+\boldsymbol{E})^{-1}=$

A. $\begin{pmatrix}1 & -2 & 0\\ -2 & 1 & -2\\ 0 & -2 & 1\end{pmatrix}$.　　B. $\begin{pmatrix}-3 & 2 & 0\\ 2 & -3 & 2\\ 0 & 2 & -3\end{pmatrix}$.　　C. $\begin{pmatrix}3 & -2 & 0\\ -2 & 3 & -2\\ 0 & -2 & 3\end{pmatrix}$.

D. $\begin{pmatrix}-1 & 2 & 0\\ 2 & -1 & 2\\ 0 & 2 & -1\end{pmatrix}$.　　E. $\begin{pmatrix}-2 & 2 & 0\\ 2 & -2 & 2\\ 0 & 2 & -2\end{pmatrix}$.

26. 设 $\boldsymbol{A}$ 是 $m\times n$ 矩阵，$\boldsymbol{B}$ 是 $n\times m$ 矩阵，则

A. 当 $m>n$ 时，齐次线性方程组 $\boldsymbol{ABx}=\boldsymbol{0}$ 只有零解.

B. 当 $m>n$ 时，齐次线性方程组 $\boldsymbol{ABx}=\boldsymbol{0}$ 有非零解.

C. 当 $m<n$ 时，齐次线性方程组 $\boldsymbol{ABx}=\boldsymbol{0}$ 只有零解.

D. 当 $m<n$ 时，齐次线性方程组 $\boldsymbol{ABx}=\boldsymbol{0}$ 有非零解.

E. 当 $m=n$ 时，齐次线性方程组 $\boldsymbol{ABx}=\boldsymbol{0}$ 只有零解.

27. 设 $\boldsymbol{\alpha}_1=(1,k,3)^{\mathrm T},\boldsymbol{\alpha}_2=(2,-1,1)^{\mathrm T},\boldsymbol{\alpha}_3=(k-3,1,-1)^{\mathrm T},\boldsymbol{\beta}_1=(-1,2,3)^{\mathrm T},\boldsymbol{\beta}_2=(1,k,2)^{\mathrm T},\boldsymbol{\beta}_3=(2,-5,-1)^{\mathrm T}$. 若向量组 $\boldsymbol{\alpha}_1,\boldsymbol{\alpha}_2,\boldsymbol{\alpha}_3$ 线性相关，而向量组 $\boldsymbol{\beta}_1,\boldsymbol{\beta}_2,\boldsymbol{\beta}_3$ 线性无关，则 $k=$

A. -3.　　B. -1.　　C. 0.　　D. 1.　　E. 3.

28. 若方程组 $\begin{cases}\lambda x_1+x_2+x_3=\lambda-2,\\ x_1+\lambda x_2+\lambda x_3=3,\\ x_1+x_2+\lambda x_3=1\end{cases}$ 有无穷多解，k 为任意常数，则该方程组的通解为

A. $\begin{pmatrix}1\\ -1\\ -1\end{pmatrix}+k\begin{pmatrix}1\\ 0\\ 1\end{pmatrix}$.　　B. $\begin{pmatrix}2\\ -1\\ 0\end{pmatrix}+k\begin{pmatrix}-1\\ 0\\ 1\end{pmatrix}$.　　C. $\begin{pmatrix}2\\ -1\\ 0\end{pmatrix}+k\begin{pmatrix}1\\ 1\\ 1\end{pmatrix}$.

D. $\begin{pmatrix}1\\ -1\\ -1\end{pmatrix}+k\begin{pmatrix}-1\\ 0\\ 1\end{pmatrix}$.　　E. $\begin{pmatrix}0\\ 1\\ 2\end{pmatrix}+k\begin{pmatrix}1\\ 0\\ 1\end{pmatrix}$.

29. 设 A,B 是两个随机事件，$P(B)=0.4$，$P(A\cup B)=0.7$，则 $P(\overline{A}|\overline{B})=$

A. 0.2.　　B. 0.3.　　C. 0.5.　　D. 0.6.　　E. 0.8.

30. 设事件 A,B 互相独立，且 $P(A)=p(0<p<1)$. 若事件 A,B 都发生的概率与都不发生的概率相等，则事件 A,B 不都发生的概率为

A. $1-p^2$.　　B. $(1-p)^2$.　　C. $p-p^2$.

D. $1-p-p^2$.　　E. $1-p+p^2$.

31. 设随机变量 $X\sim N(\mu,\sigma^2)(\sigma>0)$，其分布函数为 $F(x)$，则

A. $F(\mu+x)+F(\mu-x)=1$.　　B. $F(\mu+x)-F(\mu-x)=0$.

C. $F(x+\mu)+F(x-\mu)=1$.　　D. $F(x+\mu)-F(x-\mu)=0$.

E. $F(x-\mu)+F(\mu-x)=1$.

32. 设随机变量 X 服从区间 $[-2,2]$ 上的均匀分布，事件 $A=\{0<X<1\}$，$B=\left\{|X|<\frac{1}{2}\right\}$，则 $P(A)P(B)=$

A. $\frac{1}{4}P(AB)$.　　B. $\frac{1}{2}P(AB)$.　　C. $P(AB)$.

D. $2P(AB)$.　　E. $4P(AB)$.

33. 设随机变量 $X\sim N(1,4)$，对 X 独立地重复观察 4 次，至少有一次观察值小于 1 的概率为

A. $\frac{1}{16}$.　　B. $\frac{1}{8}$.　　C. $\frac{1}{2}$.　　D. $\frac{7}{8}$.　　E. $\frac{15}{16}$.

34. 设随机变量 X 的概率密度为 $f(x)=\begin{cases}e^{-x}, & x>0,\\ 0, & x\leqslant 0,\end{cases}$ $Y=e^{-X}$，则 $D(2Y+1)=$

A. $\frac{1}{6}$.　　B. $\frac{1}{3}$.　　C. $\frac{13}{12}$.　　D. $\frac{7}{6}$.　　E. $\frac{4}{3}$.

35. 设随机变量 X 的分布函数为 $F(x)=\begin{cases}0, & x<2,\\ 0.2, & 2\leqslant x<4,\\ 0.8, & 4\leqslant x<6,\\ 1, & x\geqslant 6,\end{cases}$ 则 $P\{|X-E(X)|<D(X)\}=$

A. 0.2.　　B. 0.4.　　C. 0.6.　　D. 0.8.　　E. 1.

经济类综合能力数学预测试题(四)

数学基础:第 1 ～ 35 小题,每小题 2 分,共 70 分。下列每题给出的五个选项中,只有一个选项是最符合题目要求的。

1. $\lim\limits_{x\to\infty}\left(x\sin\dfrac{2}{x}+\dfrac{\sin 3x}{x}+\sin x\sin\dfrac{4}{x}\right)=$

A. 2. B. 3. C. 5. D. 6. E. 7.

2. 设 a,b 为正实数且均不为 1,则 $\lim\limits_{x\to 0}\left(\dfrac{a^x+b^x}{2}\right)^{\frac{1}{x}}=$

A. $\sqrt{a+b}$. B. $\sqrt{ab}$. C. $\dfrac{a+b}{2}$. D. $\dfrac{ab}{2}$. E. ab.

3. 曲线 $y=\sqrt[3]{x^3+3x}-\sqrt{x^2-2x}$ 的水平渐近线方程为

A. $y=0$. B. $y=1$. C. $y=2$. D. $y=3$. E. $y=5$.

4. 设 $x=2$ 是函数 $f(x)=\dfrac{x^2-b}{(\mathrm{e}^x-\mathrm{e}^a)(x-b)}$ 的第一类间断点,则常数 a,b 的值分别为

A. 2,2. B. 2,4. C. 4,2. D. $\sqrt{2}$,2. E. 2,$\sqrt{2}$.

5. 设 $f(x)=\dfrac{\mathrm{e}^x-x-1}{x^2}$,若当 $x\to 0$ 时,$f(x)-\lim\limits_{x\to 0}f(x)$ 与 ax^k 是等价无穷小,则常数 $a=$

A. $-\dfrac{1}{12}$. B. $-\dfrac{1}{6}$. C. $\dfrac{1}{12}$. D. $\dfrac{1}{6}$. E. $\dfrac{1}{3}$.

6. 设函数 $f(x)$ 在 $x=1$ 处可导,且 $\lim\limits_{x\to\infty}x\left[f\left(\dfrac{x+2}{x}\right)-f\left(\dfrac{x-2}{x}\right)\right]=1$,则 $f'(1)=$

A. $-\dfrac{1}{4}$. B. $-\dfrac{1}{2}$. C. $\dfrac{1}{4}$. D. $\dfrac{1}{2}$. E. 1.

7. 设 $y=y(x)$ 是由参数方程 $\begin{cases}x=\arctan t,\\ y=\ln(1+t^2)\end{cases}$ 所确定的函数,且 $\left.\dfrac{\mathrm{d}y}{\mathrm{d}x}\right|_{t=t_0}=4$,则 $\left.\dfrac{\mathrm{d}^2y}{\mathrm{d}x^2}\right|_{t=t_0}=$

A. 2. B. 4. C. 5. D. 10. E. 20.

8. 设 $y=x^2f\left(\dfrac{1}{x}\right)$,其中 $f(u)$ 具有二阶导数,则 $\dfrac{\mathrm{d}^2y}{\mathrm{d}x^2}=$

A. $2f\left(\dfrac{1}{x}\right)-\dfrac{2}{x}f'\left(\dfrac{1}{x}\right)+\dfrac{1}{x^2}f''\left(\dfrac{1}{x}\right)$.

B. $2f\left(\dfrac{1}{x}\right)-\dfrac{2}{x}f'\left(\dfrac{1}{x}\right)-\dfrac{1}{x^2}f''\left(\dfrac{1}{x}\right)$.

C. $2f\left(\dfrac{1}{x}\right)+\dfrac{2}{x}f'\left(\dfrac{1}{x}\right)-\dfrac{1}{x^2}f''\left(\dfrac{1}{x}\right)$.

D. $2f\left(\dfrac{1}{x}\right)+2xf'\left(\dfrac{1}{x}\right)+\dfrac{1}{x^2}f''\left(\dfrac{1}{x}\right)$.

E. $2f\left(\dfrac{1}{x}\right)+2xf'\left(\dfrac{1}{x}\right)-f''\left(\dfrac{1}{x}\right)$.

9. 设 $f(x)=\int_0^x (t^2-2t)e^t dt$，则在区间 $(0,2)$ 内

A. 函数 $f(x)$ 单调减少且其图形是凹的.

B. 函数 $f(x)$ 单调减少且其图形是凸的.

C. 函数 $f(x)$ 单调增加且其图形是凸的.

D. 函数 $f(x)$ 单调减少且其图形有一个拐点.

E. 函数 $f(x)$ 单调减少且其图形有两个拐点.

10. 若函数 $f(x)=2x^3-3x^2+a$ 的极小值为 0，则 $f(x)$ 在 $[-1,2]$ 上的最小值为

A. -5.　　B. -4.　　C. -2.　　D. -1.　　E. 0.

11. 设 $f(x)=x(x-1)(x-2)(x-3)(x-4)$，则方程 $f'(x)=0$ 的实根个数为

A. 1.　　B. 2.　　C. 3.　　D. 4.　　E. 5.

12. 设函数 $f(x)$ 的一个原函数为 $\ln|1-2x|$，则 $f^{(n)}(0)=$

A. $n!$.　　B. $-2\cdot n!$.　　C. $2^n n!$.

D. $2^{n+1}n!$.　　E. $-2^{n+1}n!$.

13. 设函数 $f(x)$ 在闭区间 $[0,1]$ 上具有二阶连续导数，且 $f''(x)>0$，则

A. $\int_0^1 f(x)dx>f(0)$.　　B. $\int_0^1 f(x)dx<f(1)$.

C. $\int_0^1 f(x)dx<f\left(\frac{1}{2}\right)$.　　D. $\int_0^1 f(x)dx>f\left(\frac{1}{2}\right)$.

E. $\int_0^1 f(x)dx>\frac{1}{2}[f(0)+f(1)]$.

14. 设函数 $f(x)$ 在 $[0,1]$ 上连续，$f(x)$ 不恒为 0，若 $\int_0^2 xf(2x-x^2)dx=k\int_0^1 f(2x-x^2)dx$，则常数 $k=$

A. -2.　　B. $-\frac{1}{2}$.　　C. 1.　　D. $\frac{1}{2}$.　　E. 2.

15. 设曲线 $y=\cos x\left(0\leqslant x\leqslant\frac{\pi}{2}\right)$ 与 x 轴，y 轴所围图形被曲线 $y=a\sin x(a>0)$ 分成面积相等的两部分，则常数 $a=$

A. $\frac{1}{2}$.　　B. $\frac{2}{3}$.　　C. $\frac{3}{4}$.　　D. 1.　　E. $\frac{3}{2}$.

16. 设某平面图形由曲线 $y=x^2$ 与其在点 $(1,1)$ 处的切线及直线 $y=0$ 围成，则该平面图形绕 y 轴旋转一周所得旋转体的体积为

A. $\frac{1}{24}\pi$.　　B. $\frac{1}{12}\pi$.　　C. $\frac{1}{8}\pi$.　　D. $\frac{1}{6}\pi$.　　E. $\frac{1}{4}\pi$.

17. 设曲线 $y = \sin x(0 \leqslant x \leqslant \pi)$ 的弧长为 l_1，椭圆 $x^2 + 2y^2 = 2$ 的周长为 l_2，则 $l_1 : l_2 =$

A. 1 : 1.　　B. 1 : 2.　　C. 1 : 3.　　D. 1 : 4.　　E. 2 : 3.

18. 设 $z = f(2x + 3y, 3x + 2y)$，其中 $f(u,v)$ 具有二阶连续偏导数，且 $f''_{11} = f''_{22}$，则 $\frac{\partial^2 z}{\partial x^2} + \frac{\partial^2 z}{\partial y^2} - 2\frac{\partial^2 z}{\partial x \partial y} =$

A. $f''_{11} + f''_{12}$.　　B. $f''_{11} - f''_{12}$.　　C. $f''_{12} - f''_{11}$.

D. $2f''_{12} - 2f''_{11}$.　　E. $2f''_{11} - 2f''_{12}$.

19. 设函数 $f(x,y) = \begin{cases} x\sin\dfrac{x}{\sqrt{x^2+y^2}} + y, & (x,y) \neq (0,0), \\ 0, & (x,y) = (0,0), \end{cases}$ 则

A. $f'_x(0,0)$ 与 $f'_y(0,0)$ 都存在但不相等.　　B. $f'_x(0,0)$ 与 $f'_y(0,0)$ 都存在且相等.

C. $f'_x(0,0)$ 存在，$f'_y(0,0)$ 不存在.　　D. $f'_x(0,0)$ 不存在，$f'_y(0,0)$ 存在.

E. $f'_x(0,0)$ 与 $f'_y(0,0)$ 都不存在.

20. 设 $z = z(x,y)$ 是由方程 $f(ay + bz) = ax + bz$ 所确定的函数，其中 a,b 为非零常数，$f(u)$ 是可导函数，且 $f'(u) \neq 1$，则 $\frac{\partial z}{\partial x} + \frac{\partial z}{\partial y} =$

A. $-\frac{a}{b}$.　　B. $-\frac{b}{a}$.　　C. $\frac{a}{b}$.　　D. $\frac{b}{a}$.　　E. 0.

21. 设函数 $f(x,y) = x^4 + 2y^3 + 2x^2 - 6y - 3$，则

A. $f(0,1)$ 是极大值，$f(0,-1)$ 不是极值.　　B. $f(0,1)$ 是极小值，$f(0,-1)$ 是极大值.

C. $f(0,1)$ 不是极值，$f(0,-1)$ 是极小值.　　D. $f(0,1)$ 不是极值，$f(0,-1)$ 是极大值.

E. $f(0,1)$ 是极小值，$f(0,-1)$ 不是极值.

22. 设 $f(x) = \begin{vmatrix} x & 1 & 1 & x \\ 1 & 2x & 3 & 4 \\ 1 & 2 & 3x & 4 \\ 1 & 2 & 3 & 4x \end{vmatrix}$，则 $f'''(0) =$

A. -144.　　B. -36.　　C. 36.　　D. 144.　　E. 216.

23. 设 $a \neq b$，$\boldsymbol{A} = \begin{pmatrix} 1 & 1 & 1 & 1 \\ 1 & a & b & b \\ 1 & b & a & b \\ 1 & b & b & a \end{pmatrix}$，则齐次线性方程组 $\boldsymbol{Ax} = \boldsymbol{0}$ 有非零解的充分必要条件为

A. $a + 2b = -3$.　　B. $a + 2b = -1$.　　C. $a + 2b = 0$.

D. $a + 2b = 1$.　　E. $a + 2b = 3$.

24. 设$\boldsymbol{A}$为n阶非零方阵，且$\boldsymbol{A}^3=\boldsymbol{O}$，则

A. $\boldsymbol{A},\boldsymbol{A}+\boldsymbol{E},\boldsymbol{A}-\boldsymbol{E}$均可逆.

B. $\boldsymbol{A},\boldsymbol{A}+\boldsymbol{E},\boldsymbol{A}-\boldsymbol{E}$均不可逆.

C. $\boldsymbol{A},\boldsymbol{A}+\boldsymbol{E}$均不可逆，$\boldsymbol{A}-\boldsymbol{E}$可逆.

D. $\boldsymbol{A},\boldsymbol{A}-\boldsymbol{E}$均不可逆，$\boldsymbol{A}+\boldsymbol{E}$可逆.

E. $\boldsymbol{A}$不可逆，$\boldsymbol{A}+\boldsymbol{E},\boldsymbol{A}-\boldsymbol{E}$均可逆.

25. 设$\boldsymbol{A}$为3阶矩阵，将$\boldsymbol{A}$的第2行加到第1行得矩阵$\boldsymbol{B}$，再将$\boldsymbol{B}$的第1列的-1倍加到第2列得矩阵$\boldsymbol{C}$，记$\boldsymbol{P}=\begin{pmatrix}1&1&0\\0&1&0\\0&0&1\end{pmatrix}$，则$\boldsymbol{C}=$

A. $\boldsymbol{PAP}^{-1}$.

B. $\boldsymbol{P}^{-1}\boldsymbol{AP}$.

C. $\boldsymbol{P}^{\mathrm{T}}\boldsymbol{AP}$.

D. $\boldsymbol{PAP}^{\mathrm{T}}$.

E. $\boldsymbol{P}^{\mathrm{T}}\boldsymbol{AP}^{-1}$.

26. 设$\boldsymbol{A},\boldsymbol{B},\boldsymbol{A}+\boldsymbol{B}$均为$n$阶可逆矩阵，则$|\boldsymbol{A}^{-1}+\boldsymbol{B}^{-1}|=$

A. $\dfrac{|\boldsymbol{A}|+|\boldsymbol{B}|}{|\boldsymbol{A}||\boldsymbol{B}|}$.

B. $\dfrac{|\boldsymbol{A}||\boldsymbol{B}|}{|\boldsymbol{A}|+|\boldsymbol{B}|}$.

C. $\dfrac{|\boldsymbol{A}+\boldsymbol{B}|}{|\boldsymbol{A}||\boldsymbol{B}|}$.

D. $\dfrac{|\boldsymbol{A}||\boldsymbol{B}|}{|\boldsymbol{A}+\boldsymbol{B}|}$.

E. $\dfrac{1}{|\boldsymbol{A}||\boldsymbol{A}+\boldsymbol{B}||\boldsymbol{B}|}$.

27. 设$\boldsymbol{\alpha}_1=(1,2,3)^{\mathrm{T}},\boldsymbol{\alpha}_2=(1,3-t,2)^{\mathrm{T}},\boldsymbol{\alpha}_3=(2,6,7)^{\mathrm{T}},\boldsymbol{\beta}_1=(1,-2,3)^{\mathrm{T}},\boldsymbol{\beta}_2=(2,1,t)^{\mathrm{T}},\boldsymbol{\beta}_3=(1,t,0)^{\mathrm{T}}$，若向量组$\boldsymbol{\alpha}_1,\boldsymbol{\alpha}_2,\boldsymbol{\alpha}_3$与向量组$\boldsymbol{\beta}_1,\boldsymbol{\beta}_2,\boldsymbol{\beta}_3$均线性相关，则$t=$

A. -3.　　B. -1.　　C. 0.　　D. 1.　　E. 3.

28. 设$\boldsymbol{A}$为3阶矩阵，$\boldsymbol{b}=\begin{pmatrix}2\\2\\2\end{pmatrix}$. 若线性方程组$\boldsymbol{Ax}=\boldsymbol{b}$的通解为$\boldsymbol{x}=\begin{pmatrix}1\\1\\1\end{pmatrix}+l_1\begin{pmatrix}2\\1\\0\end{pmatrix}+l_2\begin{pmatrix}1\\0\\1\end{pmatrix}$，其中$l_1,l_2$为任意常数，以下$k_1,k_2$为任意常数，则齐次线性方程组$\boldsymbol{A}^{\mathrm{T}}\boldsymbol{x}=\boldsymbol{0}$的通解为$\boldsymbol{x}=$

A. $k_1\begin{pmatrix}-1\\1\\0\end{pmatrix}+k_2\begin{pmatrix}-1\\0\\1\end{pmatrix}$.

B. $k_1\begin{pmatrix}1\\1\\0\end{pmatrix}+k_2\begin{pmatrix}1\\0\\1\end{pmatrix}$.

C. $k_1\begin{pmatrix}1\\1\\0\end{pmatrix}+k_2\begin{pmatrix}0\\1\\1\end{pmatrix}$.

D. $k_1\begin{pmatrix}-1\\1\\1\end{pmatrix}+k_2\begin{pmatrix}1\\1\\-1\end{pmatrix}$.

E. $k_1\begin{pmatrix}1\\-1\\1\end{pmatrix}+k_2\begin{pmatrix}-1\\1\\1\end{pmatrix}$.

29. 设A,B是两个随机事件，$P(A)=P(B)$，$P(A|B)=0.5$，$P(A\cup B)=0.6$，则$P(\overline{A}\cup\overline{B})=$

A. 0.5.　　B. 0.6.　　C. 0.7.　　D. 0.8.　　E. 0.9.

30. 袋中有黑球与白球各5个，甲、乙两人依次从中取球. 若甲摸取1个球，然后乙摸取2个球，则乙取得的2个球均为白球的概率为

A. $\dfrac{1}{6}$.　　B. $\dfrac{2}{9}$.　　C. $\dfrac{1}{4}$.　　D. $\dfrac{5}{18}$.　　E. $\dfrac{1}{3}$.

31. 设随机变量 $X \sim N(1,4)$，随机变量 $Y \sim N(1,9)$. 记 $p_1 = P\{X \leqslant -1\}$，$p_2 = P\{Y \geqslant 4\}$，$\Phi(x)$ 为标准正态分布的分布函数，则有

A. $p_1 = p_2 < \Phi(1)$.　　B. $p_1 = p_2 = \Phi(1)$.　　C. $p_1 = p_2 > \Phi(1)$.

D. $p_1 < p_2 < \Phi(1)$.　　E. $p_1 > p_2 > \Phi(1)$.

32. 设随机变量 X 的分布函数为 $F(x)$，x_0 为任意实数，则 $P\{X = x_0\} =$

A. 0.　　B. $F(x_0)$.　　C. $F(x_0^+)$.

D. $F(x_0^+) - F(x_0)$.　　E. $F(x_0) - F(x_0^-)$.

33. 设 $X_1 \sim U[-1,3]$，$X_2 \sim N(1,4)$，其概率密度分别记为 $f_1(x)$ 与 $f_2(x)$，若 $f(x) = \begin{cases} af_1(x), & x \leqslant 1, \\ bf_2(x), & x > 1 \end{cases}$ 为某随机变量的概率密度，则常数 a,b 应满足

A. $a + b = 1$.　　B. $a + b = 2$.　　C. $a + 2b = 2$.

D. $2a + b = 2$.　　E. $a + 2b = 4$.

34. 设连续型随机变量 X 的概率密度为 $f(x) = \begin{cases} \dfrac{a}{x^4}, & x \geqslant 2, \\ 0, & x < 2, \end{cases}$ 则 $P\{|X| \leqslant E(X)\} =$

A. $\frac{1}{27}$.　　B. $\frac{8}{27}$.　　C. $\frac{19}{27}$.　　D. $\frac{23}{27}$.　　E. $\frac{26}{27}$.

35. 设随机变量 $X \sim N(1,4)$，$\Phi(x)$ 为标准正态分布的分布函数，$Y = \begin{cases} -1, & X < -1, \\ 1, & -1 \leqslant X \leqslant 3, \\ 3, & X > 3, \end{cases}$

则 $D(Y) =$

A. $10 - 9\Phi(1)$.　　B. $10 - 8\Phi(1)$.　　C. $9 - 8\Phi(1)$.

D. $8 - 9\Phi(1)$.　　E. $8 - 8\Phi(1)$.

经济类综合能力数学预测试题(五)

数学基础:第 1 ～ 35 小题,每小题 2 分,共 70 分。下列每题给出的五个选项中,只有一个选项是最符合题目要求的。

1. 设 $a>1,b>1$,则 $\lim\limits_{n\to\infty}\dfrac{a^{\frac{1}{n}}-a^{\frac{1}{n+a}}}{b^{\frac{1}{n}}-b^{\frac{1}{n+b}}}=$

A. $\dfrac{a}{b}$.　　B. $\ln\dfrac{a}{b}$.　　C. $\dfrac{\ln a}{\ln b}$.　　D. $\dfrac{b\ln a}{a\ln b}$.　　E. $\dfrac{a\ln a}{b\ln b}$.

2. 设当 $x\to\infty$ 时,$f(x)=\dfrac{x^2+2}{x-1}+ax+b+\dfrac{\sin 2x}{x}$ 是无穷小,则 $a+b=$

A. -4.　　B. -3.　　C. -2.　　D. 0.　　E. 1.

3. 设函数 $f(x)=\begin{cases}\dfrac{\sqrt{1-a\sin^2x}+b}{x^2}, & x\neq 0,\\ 2, & x=0\end{cases}$ 在 $x=0$ 处连续,则 $ab=$

A. -4.　　B. -2.　　C. 1.　　D. 2.　　E. 4.

4. 曲线 $y=\dfrac{\sqrt{x^2+1}}{x}$ 的渐近线共有

A. 0 条.　　B. 1 条.　　C. 2 条.　　D. 3 条.　　E. 4 条.

5. 设 $f(x)=\begin{cases}e^{2x}-1, & x<0,\\ \sin 2x, & x\geqslant 0,\end{cases}$ $y=f[f(x)]$,则 $\left.\dfrac{dy}{dx}\right|_{x=\pi}=$

A. -6.　　B. 0.　　C. 2.　　D. 3.　　E. 4.

6. 设函数 $y=y(x)$ 由方程 $xy+e^y=e$ 确定,则 $y''(0)=$

A. $-2e^{-2}$.　　B. $-e^{-2}$.　　C. e^{-2}.　　D. $2e^{-2}$.　　E. $4e^{-2}$.

7. 设 $f(x)$ 为多项式函数,若 $\lim\limits_{x\to\infty}\dfrac{f(x)-3x^2}{x+1}=\lim\limits_{x\to 0}\dfrac{f(x)+1}{x}=2$,则函数 $f(x)$ 的单调递增区间为

A. $\left(-\infty,-\dfrac{1}{3}\right]$.　　B. $\left(-\infty,\dfrac{1}{3}\right]$.　　C. $[-1,+\infty)$.

D. $\left[-\dfrac{1}{3},+\infty\right)$.　　E. $[-1,1]$.

8. 设函数 $y=f(x)$ 具有二阶导数,且 $f'(x)>0,f''(x)<0$,Δx 为 x 在点 x_0 处的增量,Δy 与 dy 分别为 $f(x)$ 在点 x_0 处相应于 Δx 的增量与微分,若 $\Delta x>0$,则

A. $0<dy<\Delta y$.　　B. $0<\Delta y<dy$.　　C. $dy<\Delta y<0$.

D. $\Delta y<dy<0$.　　E. $dy<0<\Delta y$.

9. 设 $f(x)=(x-1)^4(3x-8)$，则函数 $f(x)$ 的极值点个数与曲线 $y=f(x)$ 的拐点个数依次为

A. 1，1.　　B. 2，1.　　C. 1，2.　　D. 2，2.　　E. 2，3.

10. 若 e^{2x} 为函数 $f(x)$ 的一个原函数，则 $\int xf(x)dx=$

A. $(2x-1)e^{2x}+C$.　　B. $\left(\frac{1}{2}x-\frac{1}{2}\right)e^{2x}+C$.　　C. $\left(\frac{1}{2}x-\frac{1}{4}\right)e^{2x}+C$.

D. $\left(\frac{1}{4}x-\frac{1}{8}\right)e^{2x}+C$.　　E. $\left(x-\frac{1}{2}\right)e^{2x}+C$.

11. 设 $I_k=\int_0^k e^x\sin x dx(k=1,2,3)$，则

A. $I_1<I_2<I_3$.　　B. $I_1<I_3<I_2$.　　C. $I_3<I_2<I_1$.

D. $I_3<I_1<I_2$.　　E. $I_2<I_3<I_1$.

12. $\int_0^{\pi}(e^{\cos x}+e^{-\cos x})(\sin x+\cos x)dx=$

A. $2(e+e^{-1})$.　　B. $2(e-e^{-1})$.　　C. $2(e+e^{-1}-2)$.

D. $e-e^{-1}$.　　E. 0.

13. 设 $I_n=\int_0^1 x(\ln x)^n dx(n=0,1,2,\cdots)$，则 $I_n=$

A. $\frac{(-1)^{n-1}n!}{2^n}$.　　B. $\frac{(-1)^{n+1}n!}{2^{n+1}}$.　　C. $\frac{(-1)^n n!}{2^n}$.

D. $\frac{(-1)^n n!}{2^{n+1}}$.　　E. $\frac{(-1)^n n!}{2^{n-1}}$.

14. 设 $f(x)$ 为连续函数，且 $f(x)=x\cos x+x\int_0^1 f(x)dx$，则 $\int_0^1 f(x)dx=$

A. $2\sin 1+2\cos 1-2$.　　B. $2\sin 1-2\cos 1+2$.　　C. $2\sin 1-2\cos 1-2$.

D. $2\sin 1+2\cos 1+2$.　　E. $-2\sin 1+2\cos 1-2$.

15. 由曲线 $y=\sqrt{x}$ 与其在点(1，1)处的切线及直线 $y=0$ 围成的平面图形的面积为

A. $\frac{1}{12}$.　　B. $\frac{1}{6}$.　　C. $\frac{1}{4}$.　　D. $\frac{1}{3}$.　　E. $\frac{7}{12}$.

16. 由圆 $(x-a)^2+(y-b)^2=R^2(a>b>R>0)$ 所围平面图形绕 x 轴旋转一周所形成的旋转体体积为

A. $2\pi^2aR^2$.　　B. $2\pi^2bR^2$.　　C. $2\pi^2abR$.　　D. $2\pi^2a^2R$.　　E. $2\pi^2b^2R$.

17. 曲线弧 $y=\int_0^x\sqrt{\sin t}dt(0\leqslant x\leqslant\pi)$ 的长度为

A. 1.　　B. 2.　　C. 4.　　D. 6.　　E. 8.

18. 设 $z=\int_0^{2x^2-3y^2}\sin(2x^2-3y^2-t)^2\mathrm{d}t$，则下列式子正确的是

A. $2y\frac{\partial z}{\partial x}+3x\frac{\partial z}{\partial y}=0$.　　B. $2x\frac{\partial z}{\partial x}+3y\frac{\partial z}{\partial y}=0$.　　C. $3x\frac{\partial z}{\partial x}+2y\frac{\partial z}{\partial y}=0$.

D. $3y\frac{\partial z}{\partial x}+2x\frac{\partial z}{\partial y}=0$.　　E. $2y\frac{\partial z}{\partial x}-3x\frac{\partial z}{\partial y}=0$.

19. 设函数 $y=f(x)$ 由方程 $F\left(\ln x-\ln y,\frac{x}{y}-\frac{y}{x}\right)=0$ 确定，其中函数 $F(u,v)$ 具有连续偏导数，则 $\frac{\mathrm{d}y}{\mathrm{d}x}=$

A. $\frac{y}{x}$.　　B. $-\frac{y}{x}$.　　C. $\frac{x}{y}$.　　D. $-\frac{x}{y}$.　　E. xy.

20. 设 $f(x,y)$ 在点 $(0,0)$ 处连续，若 $\lim\limits_{\substack{x\to0\\y\to0}}\frac{f(x,y)-2x-3y}{(x^2+y^2)^{\alpha}}=1$，其中 $\alpha>0$，则 $f(x,y)$ 在点 $(0,0)$ 处可微的充分必要条件是

A. $\alpha<\frac{1}{2}$.　　B. $\alpha>\frac{1}{2}$.　　C. $\alpha=\frac{1}{2}$.　　D. $\alpha<1$.　　E. $\alpha>1$.

21. 设 m,n,p 为大于零的常数，则函数 $f(x,y,z)=x^my^nz^p$ 在约束条件 $x+y+z=1$ $(x>0,y>0,z>0)$ 下的最大值为

A. $m^mn^np^p$.　　B. $p^mm^nn^p$.　　C. $(m+n+p)^{m+n+p}$.

D. $\left(\frac{1}{m}+\frac{1}{n}+\frac{1}{p}\right)^{m+n+p}$.　　E. $\frac{m^mn^np^p}{(m+n+p)^{m+n+p}}$.

22. 设 $\begin{vmatrix}a_{11}&a_{12}&a_{13}\\a_{21}&a_{22}&a_{23}\\a_{31}&a_{32}&a_{33}\end{vmatrix}=m\neq0$，则 $\begin{vmatrix}3a_{11}&2a_{11}-4a_{12}&2a_{12}+a_{13}\\3a_{21}&2a_{21}-4a_{22}&2a_{22}+a_{23}\\3a_{31}&2a_{31}-4a_{32}&2a_{32}+a_{33}\end{vmatrix}=$

A. $-24m$.　　B. $-12m$.　　C. $6m$.　　D. $12m$.　　E. $24m$.

23. $\begin{vmatrix}1&1&1&\cdots&1\\1&1-x&1&\cdots&1\\1&1&2-x&\cdots&1\\\vdots&\vdots&\vdots&&\vdots\\1&1&1&\cdots&(n-1)-x\end{vmatrix}=$

A. $(-1)^{n-1}x(x-1)(x-2)\cdots[x-(n-2)]$.

B. $(-1)^{n}x(x-1)(x-2)\cdots[x-(n-2)]$.

C. $(-1)^{n-1}x(x-1)(x-2)\cdots[x-(n-1)]$.

D. $(-1)^{n}x(x-1)(x-2)\cdots[x-(n-1)]$.

E. $(-1)^{n-1}(x-1)(x-2)\cdots[x-(n-1)]$.

24. 设 $\boldsymbol{A}$ 是 n 阶可逆矩阵，且 $\boldsymbol{A}^{-1}=\boldsymbol{A}^{\mathrm{T}}$，$|\boldsymbol{A}|<0$，则 $|\boldsymbol{A}+\boldsymbol{E}|=$

A. -2.　　B. -1.　　C. 0.　　D. 1.　　E. 2.

25. 设 $\boldsymbol{A},\boldsymbol{B}$ 为 2 阶方阵，满足 $\boldsymbol{A}^2\boldsymbol{B}+\boldsymbol{A}-\boldsymbol{B}=\boldsymbol{E}$. 若 $\boldsymbol{A}=\begin{pmatrix}1&3\\2&4\end{pmatrix}$，则 $|\boldsymbol{AB}|=$

A. $-\frac{1}{3}$.　　B. $-\frac{1}{2}$.　　C. $\frac{1}{3}$.　　D. $\frac{1}{2}$.　　E. 2.

26. 设 $\boldsymbol{A}$ 为 4×5 矩阵，且 $r(\boldsymbol{A})=4$，$\boldsymbol{\alpha}_1,\boldsymbol{\alpha}_2$ 是非齐次线性方程组 $\boldsymbol{Ax}=\boldsymbol{b}$ 的两个不同解，k 为任意常数，则方程组 $\boldsymbol{Ax}=\boldsymbol{b}$ 的通解为

A. $(k+1)\boldsymbol{\alpha}_1-k\boldsymbol{\alpha}_2$.　　B. $(k+1)\boldsymbol{\alpha}_1+k\boldsymbol{\alpha}_2$.　　C. $(k-1)\boldsymbol{\alpha}_1+k\boldsymbol{\alpha}_2$.

D. $(k-1)\boldsymbol{\alpha}_1-k\boldsymbol{\alpha}_2$.　　E. $(k-1)\boldsymbol{\alpha}_2+k\boldsymbol{\alpha}_1$.

27. 设 $\boldsymbol{\alpha}_1=(1,2,3)^{\mathrm{T}},\boldsymbol{\alpha}_2=(-2,t-5,-5)^{\mathrm{T}},\boldsymbol{\alpha}_3=(1,4,4)^{\mathrm{T}},\boldsymbol{\beta}_1=(1,-2,3)^{\mathrm{T}},\boldsymbol{\beta}_2=(2,1,t)^{\mathrm{T}},\boldsymbol{\beta}_3=(1,t,0)^{\mathrm{T}}$，若 $r(\boldsymbol{\alpha}_1,\boldsymbol{\alpha}_2,\boldsymbol{\alpha}_3)>r(\boldsymbol{\beta}_1,\boldsymbol{\beta}_2,\boldsymbol{\beta}_3)$，则 $t=$

A. -1.　　B. 0.　　C. 1.　　D. 2.　　E. 3.

28. 设 $\boldsymbol{A}=\begin{pmatrix}a_1+b&a_2&a_3&\cdots&a_n\\a_1&a_2+b&a_3&\cdots&a_n\\a_1&a_2&a_3+b&\cdots&a_n\\\vdots&\vdots&\vdots&&\vdots\\a_1&a_2&a_3&\cdots&a_n+b\end{pmatrix}$，则线性方程组 $\boldsymbol{Ax}=\boldsymbol{0}$ 只有零解的充分必要条件是

A. $\sum_{i=1}^{n}a_i+b=0$ 或 $b=0$.　　B. $\sum_{i=1}^{n}a_i+b=0$ 且 $b=0$.

C. $\sum_{i=1}^{n}a_i+b\neq 0$.　　D. $\sum_{i=1}^{n}a_i+b\neq 0$ 或 $b\neq 0$.

E. $\sum_{i=1}^{n}a_i+b\neq 0$ 且 $b\neq 0$.

29. 设在 3 次独立重复试验中，事件 A 至少发生一次的概率为 $\frac{19}{27}$，则事件 A 至少发生两次的概率为

A. $\frac{2}{9}$.　　B. $\frac{7}{27}$.　　C. $\frac{4}{9}$.　　D. $\frac{5}{9}$.　　E. $\frac{20}{27}$.

30. 设事件 A,B 互相独立，且 $P(A)=0.4,P(A\overline{B})=0.2$，则 $P(A+B)=$

A. 0.5.　　B. 0.6.　　C. 0.7.　　D. 0.8.　　E. 0.9.

31. 设随机变量 X 的分布函数为 $F(x)=\begin{cases}0, & x<0,\\ \frac{1}{3}x, & 0\leqslant x<1,\\ 1, & x\geqslant 1,\end{cases}$ 则 $P\{X<1\}$ 与 $P\{X>1\}$ 依次为

A. $\frac{1}{3},0$.　　B. $\frac{1}{3},\frac{2}{3}$.　　C. $\frac{1}{3},\frac{1}{3}$.　　D. $\frac{2}{3},0$.　　E. $\frac{2}{3},\frac{1}{3}$.

32. 设随机变量 $X \sim N(1,\sigma^2)(\sigma > 0)$，若 $P\{|X-2| \leqslant 1\} = \frac{1}{5}$，则 $P\{|X-1| \leqslant 2\} =$

A. $\frac{1}{10}$.　　B. $\frac{3}{10}$.　　C. $\frac{2}{5}$.　　D. $\frac{7}{10}$.　　E. $\frac{4}{5}$.

33. 设随机变量 X 的概率密度为 $f(x) = \begin{cases} ax, & 0 \leqslant x < 1, \\ b(x-1), & 1 \leqslant x \leqslant 3, \\ 0, & \text{其他}, \end{cases}$ 若 $E(X) = \frac{3}{2}$，则常数 a，b 的值分别为

A. $1, \frac{1}{4}$.　　B. $\frac{1}{2}, \frac{3}{8}$.　　C. $\frac{2}{3}, \frac{1}{3}$.　　D. $\frac{3}{2}, \frac{1}{8}$.　　E. $\frac{1}{3}, \frac{1}{2}$.

34. 设连续型随机变量 X 的分布函数为 $F(x) = \begin{cases} 1 - \frac{k}{x^3}, & x \geqslant 2, \\ 0, & x < 2, \end{cases}$ 则

A. $D(X) = \frac{1}{2}E(X)$.　　B. $D(X) = E(X)$.　　C. $D(X) = 2E(X)$.

D. $D(X) = 4E(X)$.　　E. $D(X) = 8E(X)$.

35. 设随机变量 X 服从参数为 $\lambda = 1$ 的指数分布，$f(x)$ 为其概率密度，随机变量 Y 的概率密度为 $f_Y(x) = \frac{1}{3}f(x) + \frac{1}{3}f\left(\frac{x}{2}\right)$，则 Y 的数学期望 $E(Y) =$

A. $\frac{1}{3}$.　　B. $\frac{1}{2}$.　　C. $\frac{2}{3}$.　　D. 1.　　E. $\frac{5}{3}$.

经济类综合能力数学预测试题(六)

数学基础:第 1 ～ 35 小题,每小题 2 分,共 70 分。下列每题给出的五个选项中,只有一个选项是最符合题目要求的。

1. 设 $0 < a < b < 1$,则 $\lim\limits_{n\to\infty}(1+a^{-n}+b^{-n})^{\frac{1}{n}} =$

A. a. B. a^{-1}. C. b. D. b^{-1}. E. 1.

2. 设 $f(x)$ 为三次多项式,且 $\lim\limits_{x\to 1}\dfrac{f(x)}{x-1} = \lim\limits_{x\to -1}\dfrac{f(x)}{x+1} = 1$,则 $\lim\limits_{x\to\infty}\dfrac{f(x)}{x^3} =$

A. $-\frac{1}{4}$. B. $-\frac{1}{2}$. C. $\frac{1}{4}$. D. $\frac{1}{2}$. E. 2.

3. 若曲线 $y = x^2\ln\dfrac{x^2-a}{x^2+a}$ 有渐近线 $y = 1$,则常数 $a =$

A. -2. B. -1. C. $-\frac{1}{2}$. D. $\frac{1}{2}$. E. 1.

4. 函数 $f(x) = \dfrac{x+3}{x\ln|x+2|}$ 的第一类间断点的个数为

A. 0. B. 1. C. 2. D. 3. E. 4.

5. 若 $x\to\infty$ 时,函数 $f(x) = ax+b+\sqrt[3]{1-2x^2+x^3}$ 是无穷小,则 $a+b =$

A. $-\frac{5}{3}$. B. $-\frac{4}{3}$. C. $-\frac{1}{3}$. D. $\frac{1}{3}$. E. $\frac{4}{3}$.

6. 设 $y = y(x)$ 是由方程 $e^y - x(y+1) - 1 = 0$ 所确定的函数,且 y 的二阶导数连续,则 $\lim\limits_{x\to 0}\dfrac{y(x)-x}{x^2} =$

A. -2. B. $-\frac{1}{2}$. C. $\frac{1}{2}$. D. 1. E. 2.

7. 设函数 $f(2x+1) = xe^{-2x}$,则 $f^{(n)}(2x+1) =$

A. $(-2)^n e^{-2x}(n-2x)$. B. $(-2)^{n-1}e^{-2x}(n-2x)$. C. $(-1)^n e^{-2x}(n-2x)$.

D. $(-1)^{n-1}e^{-2x}(n-2x)$. E. $(-1)^{n-1}e^{-2x}\left(\frac{n}{2}-x\right)$.

8. 设常数 $a > 0, b < 0$,则方程 $x^3+ax+b=0$

A. 有三个实根. B. 有两个负实根. C. 有两个正实根.

D. 只有一个负实根. E. 只有一个正实根.

9. 若当 $x > 0$ 时,恒有 $x - \dfrac{a}{x^3} \geqslant 4$,则常数 a 的最大取值为

A. -27. B. -16. C. -3. D. 2. E. 5.

10. 设函数 $f(x)$ 满足等式 $f''(x)+f(x)f'(x)=\sin x$，且 $f'(0)=0$，则下列判断正确的是

A. 函数 $f(x)$ 在点 $x=0$ 处取得极大值.

B. 函数 $f(x)$ 在点 $x=0$ 处取得极小值.

C. 曲线 $y=f(x)$ 在点 $(0,f(0))$ 的邻近是凹的.

D. 曲线 $y=f(x)$ 在点 $(0,f(0))$ 的邻近是凸的.

E. 点 $(0,f(0))$ 是曲线 $y=f(x)$ 的拐点.

11. 若 $\int f(x)\mathrm{d}x = x\ln x + C$，则 $\int xf(x)\mathrm{d}x =$

A. $x^2\left(\frac{1}{2}+\frac{1}{4}\ln x\right)+C$.　B. $x^2\left(\frac{1}{2}-\frac{1}{4}\ln x\right)+C$.　C. $x^2\left(\frac{3}{4}+\frac{1}{2}\ln x\right)+C$.

D. $x^2\left(\frac{1}{4}-\frac{1}{2}\ln x\right)+C$.　E. $x^2\left(\frac{1}{4}+\frac{1}{2}\ln x\right)+C$.

12. 设 $f(x)$ 为可导函数，$f(0)=0$，且 $f'(x)+\int_0^1 f(x)\mathrm{d}x = 5-6x$，则 $f(1)=$

A. -2.　B. -1.　C. 0.　D. 1.　E. 2.

13. 若 $\int_0^{+\infty}\frac{a}{(1+x^2)^2}\mathrm{d}x=\pi$，则常数 $a=$

A. $\frac{1}{2}$.　B. 1.　C. 2.　D. 4.　E. 8.

14. 设函数 $f(x)$ 在 $[0,1]$ 上连续，$f(x)$ 不恒为 0 且

$$\int_0^{\frac{\pi}{2}} x[f(\sin x)+f(\cos x)]\mathrm{d}x = k\int_0^{\frac{\pi}{2}}[f(\sin x)+f(\cos x)]\mathrm{d}x,$$

则 $k=$

A. $\frac{\pi}{8}$.　B. $\frac{\pi}{4}$.　C. $\frac{\pi}{2}$.　D. π.　E. 2π.

15. 若曲线弧 $\begin{cases} x=\int_1^t \frac{\cos u}{u}\mathrm{d}u, \\ y=\int_1^t \frac{\sin u}{u}\mathrm{d}u \end{cases}$ $(1\leqslant t\leqslant a)$ 的长度为 2，则 $a=$

A. 2.　B. e.　C. 2e.　D. e^2.　E. $2e^2$.

16. 已知曲线 C 的方程为 $y=e^{-x}$，曲线 C 在点 $(-1,e)$ 处的切线记为 L，则曲线 C 与其切线 L 及 x 轴所围成的无界区域的面积为

A. $\frac{e}{2}$.　B. e.　C. 2e.　D. 3e.　E. 4e.

17. 设 $a>1$，平面图形 D_1 由曲线 $y=\sqrt{x}$ 与直线 $y=ax$ 围成，平面图形 D_2 由曲线 $y=\sqrt{x}$ 与直线 $y=ax$ 及直线 $x=1$ 围成. 若 D_1 与 D_2 绕 x 轴旋转一周所形成的旋转体体积相等，则常数 a 的值为

A. 2.　B. 3.　C. $\sqrt{3}$.　D. $\frac{3}{2}$.　E. $\sqrt{\frac{3}{2}}$.

18. 设 $f(x,y)$ 具有二阶连续偏导数，且 $f(x,2x)=x,\frac{\partial^2 f}{\partial x^2}=\frac{\partial^2 f}{\partial y^2}$，则

A. $f''_{xx}(x,2x)=-\frac{5}{4}f''_{xy}(x,2x)$.　　B. $f''_{xx}(x,2x)=-\frac{4}{5}f''_{xy}(x,2x)$.

C. $f''_{xx}(x,2x)=-\frac{3}{2}f''_{xy}(x,2x)$.　　D. $f''_{xx}(x,2x)=-\frac{2}{3}f''_{xy}(x,2x)$.

E. $f''_{xx}(x,2x)=-\frac{4}{3}f''_{xy}(x,2x)$.

19. 设函数 $z=f(x,y)$ 具有二阶连续偏导数，满足等式 $6\frac{\partial^2 z}{\partial x^2}-\frac{\partial^2 z}{\partial x\partial y}-\frac{\partial^2 z}{\partial y^2}=0$，若变换 $\begin{cases}u=x-3y,\\v=x+ay\end{cases}$ 把该等式简化为 $\frac{\partial^2 z}{\partial u\partial v}=0$，则常数 a 的值为

A. -3.　　B. -2.　　C. -1.　　D. 2.　　E. 3.

20. 设函数 $\Phi(u,v)$ 具有连续偏导数，$z=z(x,y)$ 是由方程 $\Phi(3x-2z,2y-3z)=0$ 所确定的函数，若 $a\frac{\partial z}{\partial x}+b\frac{\partial z}{\partial y}=1$，则常数 a,b 分别为

A. $\frac{2}{3},\frac{3}{2}$.　　B. $\frac{3}{2},\frac{2}{3}$.　　C. $-\frac{2}{3},-\frac{3}{2}$.

D. $-\frac{3}{2},-\frac{2}{3}$.　　E. $\frac{1}{3},\frac{1}{2}$.

21. 函数 $f(x,y,z)=x^x y^y z^z$ 在条件 $x+y+z=1(x>0,y>0,z>0)$ 下的最小值为

A. $\frac{1}{27}$.　　B. $\frac{1}{9}$.　　C. $\frac{1}{3}$.　　D. $\frac{1}{\sqrt[3]{3}}$.　　E. 1.

22. 行列式 $\begin{vmatrix}1 & -1 & 1 & x-1\\1 & -1 & x+1 & -1\\1 & x-1 & 1 & -1\\x+1 & -1 & 1 & -1\end{vmatrix}=$

A. x^4.　　B. $-x^4$.　　C. $(x^2-1)^2$.　　D. x^4-1.　　E. x^4+1.

23. 设 $f(x)=\begin{vmatrix}1 & 1 & 1 & 1\\1 & 2 & 4 & 8\\1 & x & x^2 & x^3\\1 & 3 & 9 & 27\end{vmatrix}$，则多项式 $f(x)$ 中 x 的系数为

A. -22.　　B. -11.　　C. 11.　　D. 12.　　E. 22.

24. 设 $\boldsymbol{A},\boldsymbol{B}$ 为 n 阶矩阵，若 $\boldsymbol{A}=\frac{1}{2}(\boldsymbol{B}+\boldsymbol{E})$，则 $\boldsymbol{A}^2=\boldsymbol{A}$ 的充分必要条件为

A. $\boldsymbol{B}=\boldsymbol{E}$.　　B. $\boldsymbol{B}=-\boldsymbol{E}$.　　C. $\boldsymbol{B}^2=\boldsymbol{B}$.

D. $\boldsymbol{B}^2=-\boldsymbol{B}$.　　E. $\boldsymbol{B}^2=\boldsymbol{E}$.

25. 设 $\boldsymbol{A},\boldsymbol{B}$ 均为 3 阶方阵，满足 $\boldsymbol{A}^2\boldsymbol{B}+2\boldsymbol{A}-\boldsymbol{B}=2\boldsymbol{E}$. 若 $\boldsymbol{A}=\begin{pmatrix}2&3&4\\0&1&2\\0&3&4\end{pmatrix}$，则 $|\boldsymbol{B}|=$

A. $-\frac{2}{3}$.　　B. $-\frac{1}{3}$.　　C. $\frac{1}{3}$.　　D. $\frac{1}{2}$.　　E. $\frac{2}{3}$.

26. 设 $\boldsymbol{A}$ 为 4 阶方阵，$r(\boldsymbol{A}^*)=1$，$\boldsymbol{\alpha}_1,\boldsymbol{\alpha}_2,\boldsymbol{\alpha}_3$ 是非齐次线性方程组 $\boldsymbol{Ax}=\boldsymbol{b}$ 的三个互不相同的解，则齐次线性方程组 $\boldsymbol{Ax}=\boldsymbol{0}$ 的一个基础解系为

A. $\boldsymbol{\alpha}_1-\boldsymbol{\alpha}_2$.　　B. $\boldsymbol{\alpha}_1+\boldsymbol{\alpha}_2-2\boldsymbol{\alpha}_3$.

C. $\frac{1}{3}(\boldsymbol{\alpha}_1+\boldsymbol{\alpha}_2+\boldsymbol{\alpha}_3)$.　　D. $\boldsymbol{\alpha}_1+\boldsymbol{\alpha}_2-2\boldsymbol{\alpha}_3,-2\boldsymbol{\alpha}_1+\boldsymbol{\alpha}_2+\boldsymbol{\alpha}_3$.

E. $\boldsymbol{\alpha}_1-\boldsymbol{\alpha}_2,\boldsymbol{\alpha}_1-\boldsymbol{\alpha}_3,\boldsymbol{\alpha}_2-\boldsymbol{\alpha}_3$.

27. 设向量组 $\boldsymbol{\alpha}_1=(2,-1,1)^{\mathrm{T}},\boldsymbol{\alpha}_2=(-1,k,2)^{\mathrm{T}},\boldsymbol{\alpha}_3=(k-4,1,-1)^{\mathrm{T}}$ 线性相关，且其中任意两个向量组成的部分组均线性无关，则 $k=$

A. -3.　　B. -2.　　C. 0.　　D. 2.　　E. 3.

28. 线性方程组 $\begin{cases}x_1+x_2=b_1,\\x_2+x_3=b_2,\\x_3+x_4=b_3,\\x_4+x_1=b_4\end{cases}$ 有解的充分必要条件是

A. $b_1+b_2+b_3+b_4=0$.　　B. $b_1-b_2+b_3-b_4=0$.

C. $b_1+b_2-b_3-b_4=0$.　　D. $b_1-b_2-b_3+b_4=0$.

E. $b_1+b_2+b_3+b_4=1$.

29. 设 A,B 为随机事件，满足 $0<P(A)<1,0<P(B)<1$，且 $P(\overline{A}|B)=P(\overline{A}|\overline{B})$，则 A 与 B

A. 互不相容.　　B. 互相对立.　　C. 互相独立.

D. 不互相独立.　　E. 以上选项都不正确.

30. 设 A,B,C 是 3 个随机事件，且 B 与 C 互不相容. 若 A,B 都不发生的概率为 0.4，C 发生但 A 不发生的概率为 0.1，则事件 A,B,C 至少有一个发生的概率为

A. 0.3.　　B. 0.5.　　C. 0.6.　　D. 0.7.　　E. 0.8.

31. 设随机变量 $X\sim N(1,\sigma^2)(\sigma>0)$，$p_1=P\{|X|\leqslant 1\}$，$p_2=P\{|X-2|\leqslant 1\}$，$p_3=P\{|X-1|\leqslant 2\}$，则

A. $p_1<p_2<p_3$.　　B. $p_2<p_1<p_3$.　　C. $p_1=p_2=p_3$.

D. $p_1<p_2=\frac{1}{2}p_3$.　　E. $p_1=p_2=\frac{1}{2}p_3$.

32. 随机变量 X 的概率密度为 $f(x)=\begin{cases}ax, & 0\leqslant x\leqslant \frac{a}{2},\\ 0, & 其他,\end{cases}$ 则 $P\left\{X>\frac{a}{4}\right\}=$

A. $\frac{1}{8}$.　　B. $\frac{1}{4}$.　　C. $\frac{1}{2}$.　　D. $\frac{3}{4}$.　　E. $\frac{7}{8}$.

33. 设随机变量 X 服从二项分布 $B\left(4,\frac{3}{4}\right)$，则 $P\{X\leqslant E(X)\}=$

A. $\frac{1}{256}$.　　B. $\frac{81}{256}$.　　C. $\frac{175}{256}$.　　D. $\frac{243}{256}$.　　E. $\frac{255}{256}$.

34. 设随机变量 X 的概率密度为 $f(x)=\begin{cases}\cos x, & 0\leqslant x\leqslant \frac{\pi}{2},\\ 0, & 其他,\end{cases}$ 若 $E(aX+b)=\pi+1$，$D(aX+b)=4\pi-12$，则正常数 a,b 的值分别为

A. 1,3.　　B. 2,3.　　C. 2,4.　　D. 3,1.　　E. 3,2.

35. 设随机变量 X 服从区间[2,4]上的均匀分布，$f(x)$ 为其概率密度. 设随机变量 Y 的概率密度为 $f_Y(x)=\frac{2}{3}f(x)+\frac{2}{3}f(2x)$，则

A. $E(Y)=\frac{2}{3}E(X)$.　　B. $E(Y)=\frac{5}{6}E(X)$.　　C. $E(Y)=E(X)$.

D. $E(Y)=\frac{3}{2}E(X)$.　　E. $E(Y)=\frac{5}{3}E(X)$.

经济类综合能力数学预测试题(七)

数学基础:第 1 ～ 35 小题,每小题 2 分,共 70 分。下列每题给出的五个选项中,只有一个选项是最符合题目要求的。

1. 若$\lim\limits_{x\to\infty}x^2\left(x\tan\dfrac{k}{x}-k\right)=9$,则 $k=$

A. $\dfrac{1}{6}$.　B. $\dfrac{1}{3}$.　C. $\dfrac{2}{3}$.　D. 3.　E. 6.

2. 设 $a\neq b$,则$\lim\limits_{x\to\infty}\left[\dfrac{(x+a)(x-b)}{(x-a)(x+b)}\right]^x=$

A. e^{a-b}.　B. e^{b-a}.　C. $e^{2(a-b)}$.　D. $e^{2(b-a)}$.　E. e^{a+b}.

3. 若存在 $\delta>0$,当 $0<|x-x_0|<\delta$ 时,$g(x)\leqslant f(x)\leqslant h(x)$,且$\lim\limits_{x\to x_0}[h(x)-g(x)]=0$,则$\lim\limits_{x\to x_0}f(x)$

A. 一定存在且等于零.　B. 一定存在且不等于零.

C. 一定存在但不一定等于零.　D. 一定不存在.

E. 不一定存在.

4. 已知 $x=1,x=e$ 分别是函数 $f(x)=\dfrac{e^{2x}+b}{(x+a)(x^2+b)}$ 的第一、二类间断点,则 $ab=$

A. $-e^2$.　B. $-e$.　C. e.　D. e^2.　E. e^{-2}.

5. 设函数 $f(x)=\dfrac{(x-1)(x+2)\cdots(x-99)(x+100)}{(x+1)(x-2)\cdots(x+99)(x-100)}$,则 $f'(1)=$

A. $-\dfrac{101}{100}$.　B. $\dfrac{101}{100}$.　C. $-\dfrac{100}{101}$.　D. $\dfrac{100}{101}$.　E. $-\dfrac{101}{99}$.

6. 曲线 $xe^y+y=1$ 在点(1,0) 处的切线方程为

A. $x+2y-1=0$.　B. $x-2y-1=0$.　C. $2x+y-2=0$.

D. $2x-y-2=0$.　E. $x+y-1=0$.

7. 设函数 $f(x)$ 连续,且 $f'(0)>0$,则存在 $\delta>0$,使得

A. $f(x)$ 在$[0,\delta)$ 上单调增加.　B. $f(x)$ 在$(-\delta,0]$ 上单调减少.

C. 对 $\forall x\in(0,\delta)$,有 $f(x)>f(0)$.　D. 对 $\forall x\in(-\delta,0)$,有 $f(x)>f(0)$.

E. $f(x)$ 在$(-\delta,\delta)$ 上单调增加.

8. 在闭区间$[-1,1]$上满足罗尔定理条件的函数是

A. $f(x)=x^3$.　　B. $f(x)=x^{\frac{2}{3}}$.

C. $f(x)=\begin{cases}\dfrac{\sin x}{x}, & x\neq 0,\\ 0, & x=0.\end{cases}$　　D. $f(x)=\begin{cases}x+1, & x\neq 1,\\ 0, & x=1.\end{cases}$

E. $f(x)=\begin{cases}x^2, & x\leqslant 0,\\ x^3, & x>0.\end{cases}$

9. 设$f(x)=(x-1)^2(x-2)^3$,则函数$f(x)$

A. 在$x=1$处取得极小值.　　B. 在$x=\dfrac{7}{5}$处取得极小值.

C. 在$x=\dfrac{7}{5}$处取得极大值.　　D. 在$x=2$处取得极小值.

E. 在$x=2$处取得极大值.

10. 若$\int f(x)\mathrm{d}x=\sin 2x+C$,则$\int xf(2x)\mathrm{d}x=$

A. $\dfrac{1}{2}x\sin 4x+\dfrac{1}{8}\cos 4x+C$.　　B. $\dfrac{1}{4}x\sin 4x+\dfrac{1}{16}\cos 4x+C$.

C. $\dfrac{1}{4}x\sin 4x-\dfrac{1}{16}\cos 4x+C$.　　D. $\dfrac{1}{2}x\sin 4x-\dfrac{1}{8}\cos 4x+C$.

E. $\dfrac{1}{2}x\sin 4x+\dfrac{1}{4}\cos 4x+C$.

11. 设曲线$y=f(x)$与$y=\sin 2x$在点$(0,0)$处有公共的切线,则点$x=0$是函数$F(x)=\begin{cases}\dfrac{\int_0^x f(t)\mathrm{d}t}{x^2}, & x\neq 0,\\ 1, & x=0\end{cases}$的

A. 无穷间断点.　　B. 跳跃间断点.　　C. 可去间断点.

D. 振荡间断点.　　E. 连续点.

12. $\int_0^4 x\sqrt{4x-x^2}\,\mathrm{d}x=$

A. $\dfrac{\pi}{2}$.　　B. π.　　C. 2π.　　D. 4π.　　E. 8π.

13. 设n为正整数,若$\int_0^{n\pi}x|\sin x|\,\mathrm{d}x=16\pi$,则$n=$

A. 4.　　B. 6.　　C. 8.　　D. 10.　　E. 16.

14. 下列反常积分中收敛的是

A. $\int_1^{+\infty} \frac{1}{x}\mathrm{d}x$.　　B. $\int_1^{+\infty} \frac{1}{\sqrt{x}}\mathrm{d}x$.　　C. $\int_1^{+\infty} \frac{x}{1+x^2}\mathrm{d}x$.

D. $\int_1^{+\infty} \frac{1+x}{1+x^2}\mathrm{d}x$.　　E. $\int_1^{+\infty} \frac{1+x}{x^3}\mathrm{d}x$.

15. 由曲线 $y = x^2 + 1$ 与 $y = 2|x|$ 所围平面图形绕 x 轴旋转一周所得旋转体的体积为

A. $\frac{1}{5}\pi$.　　B. $\frac{2}{5}\pi$.　　C. $\frac{8}{15}\pi$.　　D. $\frac{2}{3}\pi$.　　E. $\frac{16}{15}\pi$.

16. 曲线 C：$y = \mathrm{e}^{2x}$ 在点(0,1)处的切线记为 L，则曲线 C 与其切线 L 及直线 $x = -1$ 所围平面图形的面积为

A. $\frac{1}{2}(1+\mathrm{e}^{-2})$.　　B. $\frac{1}{2}(2-\mathrm{e}^{-2})$.　　C. $\frac{1}{2}(1-\mathrm{e}^{-2})$.

D. $1-\frac{1}{2}\mathrm{e}^{-2}$　　E. $\frac{1}{2}-\mathrm{e}^{-2}$.

17. 若曲线弧 $y = \int_0^x \sqrt{t^2+2t}\,\mathrm{d}t\,(0 \leqslant x \leqslant a)$ 的长度为 4，则 $a =$

A. 1.　　B. 2.　　C. 4.　　D. 6.　　E. 8.

18. 设 $f(x,y)$ 为可微函数，$z = f[x, f(x,y)]$，$f(1,1) = 1$，$f'_x(1,1) = 2$，$f'_y(1,1) = 3$，则 $\mathrm{d}z\big|_{(1,1)} =$

A. $5\mathrm{d}x + 3\mathrm{d}y$.　　B. $6\mathrm{d}x + 9\mathrm{d}y$.　　C. $8\mathrm{d}x + 9\mathrm{d}y$.

D. $8\mathrm{d}x + 6\mathrm{d}y$.　　E. $8\mathrm{d}x + 11\mathrm{d}y$.

19. 设二元函数 $f(x,y)$ 在 (x_0,y_0) 处不连续，则

A. $f(x_0,y_0)$ 不存在.　　B. $\lim\limits_{(x,y)\to(x_0,y_0)} f(x,y)$ 不存在.

C. $f'_x(x_0,y_0)$ 与 $f'_y(x_0,y_0)$ 均不存在.　　D. $f'_x(x_0,y_0)$ 与 $f'_y(x_0,y_0)$ 至少有一不存在.

E. $f(x,y)$ 在 (x_0,y_0) 处不可微.

20. 设 $f(x,y) = \begin{cases} \frac{x^3 - \sin y^3}{x^2+y^2}, & (x,y) \neq (0,0), \\ 0, & (x,y) = (0,0), \end{cases}$ 则

A. $f'_x(0,0) = 1, f'_y(0,0) = -1$.　　B. $f'_x(0,0) = -1, f'_y(0,0) = 1$.

C. $f'_x(0,0) = f'_y(0,0) = 1$.　　D. $f'_x(0,0) = f'_y(0,0) = -1$.

E. $f'_x(0,0) = f'_y(0,0) = 0$.

21. 函数 $f(x,y) = x^2 + 12xy + 8y^2$ 在约束条件 $x^2 + 2y^2 = 6$ 下的最大值与最小值分别为

A. 42，−12.　　B. 36，−6.　　C. 42，−6.

D. 36，−12.　　E. 24，−12.

22. 设$\boldsymbol{A}=(\boldsymbol{\alpha}_1,\boldsymbol{\alpha}_2,\boldsymbol{\alpha}_3)$，$\boldsymbol{B}=(2\boldsymbol{\alpha}_1+\boldsymbol{\alpha}_2,2\boldsymbol{\alpha}_2+\boldsymbol{\alpha}_3,2\boldsymbol{\alpha}_3+\boldsymbol{\alpha}_1)$，其中$\boldsymbol{\alpha}_1,\boldsymbol{\alpha}_2,\boldsymbol{\alpha}_3$为3维列向量组，若$|\boldsymbol{B}|=54$，则$|\boldsymbol{A}|=$

A. 3. B. 6. C. 9. D. 18. E. 27.

23. 设$f(x)=\begin{vmatrix} x & 1 & 2 & 3 & 4 \\ 1 & x & 2 & 3 & 4 \\ 1 & 2 & x & 3 & 4 \\ 1 & 2 & 3 & x & 4 \\ 1 & 2 & 3 & 4 & x \end{vmatrix}$，则方程$f(x)=0$的正实根的个数为

A. 1. B. 2. C. 3. D. 4. E. 5.

24. 设$\boldsymbol{A}$是3阶方阵，$|\boldsymbol{A}|=2$，则$\left[\left(\frac{1}{2}\boldsymbol{A}\right)^*+(2\boldsymbol{A})^{-1}\right]^{-1}=$

A. $\frac{1}{4}\boldsymbol{A}$. B. $\frac{1}{2}\boldsymbol{A}$. C. $\frac{2}{3}\boldsymbol{A}$. D. $\boldsymbol{A}$. E. $\frac{4}{3}\boldsymbol{A}$.

25. 设$\boldsymbol{A},\boldsymbol{B}$均为3阶可逆方阵，且$\boldsymbol{B}^{-1}\boldsymbol{A}\boldsymbol{B}=\begin{pmatrix} 1 & 0 & 0 \\ 1 & 2 & 0 \\ 1 & 1 & 3 \end{pmatrix}$，将矩阵$\boldsymbol{B}$的第1列的$-1$倍加到第2列得矩阵$\boldsymbol{C}$，则$\boldsymbol{C}^{-1}\boldsymbol{A}\boldsymbol{C}=$

A. $\begin{pmatrix} 1 & 1 & 0 \\ 2 & 0 & 0 \\ 1 & 1 & 3 \end{pmatrix}$. B. $\begin{pmatrix} 1 & 1 & 0 \\ 0 & 2 & 0 \\ 1 & 2 & 3 \end{pmatrix}$. C. $\begin{pmatrix} 0 & 2 & 0 \\ 1 & 1 & 0 \\ 1 & 0 & 3 \end{pmatrix}$.

D. $\begin{pmatrix} 2 & 0 & 0 \\ 1 & 1 & 0 \\ 1 & 1 & 3 \end{pmatrix}$. E. $\begin{pmatrix} 2 & 0 & 0 \\ 1 & 1 & 0 \\ 1 & 0 & 3 \end{pmatrix}$.

26. 设向量组$\boldsymbol{\alpha}_1,\boldsymbol{\alpha}_2,\boldsymbol{\alpha}_3$线性相关，而向量组$\boldsymbol{\alpha}_2,\boldsymbol{\alpha}_3,\boldsymbol{\alpha}_4$线性无关，则

A. $\boldsymbol{\alpha}_1$能由$\boldsymbol{\alpha}_2,\boldsymbol{\alpha}_3,\boldsymbol{\alpha}_4$线性表示，$\boldsymbol{\alpha}_4$能由$\boldsymbol{\alpha}_1,\boldsymbol{\alpha}_2,\boldsymbol{\alpha}_3$线性表示.

B. $\boldsymbol{\alpha}_1$不能由$\boldsymbol{\alpha}_2,\boldsymbol{\alpha}_3,\boldsymbol{\alpha}_4$线性表示，$\boldsymbol{\alpha}_4$能由$\boldsymbol{\alpha}_1,\boldsymbol{\alpha}_2,\boldsymbol{\alpha}_3$线性表示.

C. $\boldsymbol{\alpha}_1$能由$\boldsymbol{\alpha}_2,\boldsymbol{\alpha}_3,\boldsymbol{\alpha}_4$线性表示，$\boldsymbol{\alpha}_4$不能由$\boldsymbol{\alpha}_1,\boldsymbol{\alpha}_2,\boldsymbol{\alpha}_3$线性表示.

D. $\boldsymbol{\alpha}_1$不能由$\boldsymbol{\alpha}_2,\boldsymbol{\alpha}_3,\boldsymbol{\alpha}_4$线性表示，$\boldsymbol{\alpha}_4$不能由$\boldsymbol{\alpha}_1,\boldsymbol{\alpha}_2,\boldsymbol{\alpha}_3$线性表示.

E. $\boldsymbol{\alpha}_1,\boldsymbol{\alpha}_2,\boldsymbol{\alpha}_4$是向量组$\boldsymbol{\alpha}_1,\boldsymbol{\alpha}_2,\boldsymbol{\alpha}_3,\boldsymbol{\alpha}_4$的一个极大线性无关组.

27. 设$\boldsymbol{A}=\begin{pmatrix} 2 & a & 2 \\ 5 & b & 3 \\ -1 & 1 & -1 \end{pmatrix}$，$\boldsymbol{\xi}=\begin{pmatrix} 1 \\ 1 \\ -1 \end{pmatrix}$. 若$\boldsymbol{A\xi}$与$\boldsymbol{\xi}$线性相关，则$a+b=$

A. -4. B. -2. C. 1. D. 2. E. 4.

28. 若方程组 $\begin{cases} x_1+x_2+x_3+x_4=0, \\ x_1+2x_2+3x_3+3x_4=1, \\ 3x_1+2x_2+ax_3+x_4=b, \\ 3x_1+2x_2+x_3+ax_4=-1 \end{cases}$ 有无穷多解，则该方程组相应的齐次线性方程组的一个基础解系为

A. $\begin{pmatrix} -1 \\ 0 \\ 1 \\ 0 \end{pmatrix}, \begin{pmatrix} 1 \\ -2 \\ 0 \\ 1 \end{pmatrix}$.　　B. $\begin{pmatrix} 1 \\ -2 \\ 1 \\ 0 \end{pmatrix}, \begin{pmatrix} 1 \\ -2 \\ 0 \\ 1 \end{pmatrix}$.　　C. $\begin{pmatrix} 1 \\ -2 \\ 1 \\ 0 \end{pmatrix}, \begin{pmatrix} -2 \\ 1 \\ 0 \\ 1 \end{pmatrix}$.

D. $\begin{pmatrix} -2 \\ 1 \\ 1 \\ 0 \end{pmatrix}, \begin{pmatrix} -2 \\ 1 \\ 0 \\ 1 \end{pmatrix}$.　　E. $\begin{pmatrix} 1 \\ 1 \\ -2 \\ 0 \end{pmatrix}, \begin{pmatrix} -2 \\ 0 \\ 1 \\ 1 \end{pmatrix}$.

29. 设 A,B 是两个随机事件，$P(B)=0.8$，$P(A|B)=P(\overline{A}|\overline{B})=0.5$，则 $P(A)=$

A. 0.4.　　B. 0.5.　　C. 0.6.　　D. 0.8.　　E. 0.9.

30. 掷一枚质地不均匀的硬币，正面朝上的概率为 $\frac{2}{3}$，将此硬币连掷 3 次，则至少两次正面朝上的概率是

A. $\frac{7}{27}$.　　B. $\frac{13}{27}$.　　C. $\frac{14}{27}$.　　D. $\frac{20}{27}$.　　E. $\frac{26}{27}$.

31. 设连续型随机变量 X 的概率密度为 $f(x)$，分布函数为 $F(x)$，若 $-X$ 与 X 有相同的分布函数，则

A. $F(-x)=1-F(x)$，$f(-x)=-f(x)$.

B. $F(-x)=1-F(x)$，$f(-x)=f(x)$.

C. $F(-x)=-F(x)$，$f(-x)=-f(x)$.

D. $F(-x)=F(x)$，$f(-x)=f(x)$.

E. $F(-x)=1-F(x)$，$f(-x)=1-f(x)$.

32. 设随机变量 X 服从正态分布 $N(2,4)$，$\Phi(x)$ 为标准正态分布的分布函数，则函数 $f(x)=\sqrt{x^2+Xx+X}$ 在 $(-\infty,+\infty)$ 内处处有定义的概率为

A. $\Phi(1)$.　　B. $1-\Phi(1)$.　　C. $2\Phi(1)-1$.

D. $\Phi(1)-\Phi(0)$.　　E. $2-2\Phi(1)$.

33. 设随机变量 X 的概率密度为 $f(x)=\begin{cases}a\cos x+b\sin x, & 0\leqslant x\leqslant\dfrac{\pi}{2},\\ 0, & \text{其他},\end{cases}$ 若 $E(X)=\dfrac{1}{3}(\pi-1)$，则常数 a,b 的值分别为

A. $\frac{1}{2},\frac{1}{2}$.　　B. $\frac{2}{3},\frac{1}{3}$.　　C. $\frac{1}{6},\frac{5}{6}$.　　D. $\frac{1}{3},\frac{2}{3}$.　　E. $\frac{5}{6},\frac{1}{6}$.

34. 设随机变量 $X\sim B\left(n,\dfrac{1}{n}\right)$，且 $E(X^2)=1.8$，则 $n=$

A. 2.　　B. 3.　　C. 4.　　D. 5.　　E. 6.

35. 设连续型随机变量 X 的概率密度为 $f(x)=\dfrac{1}{2e\sqrt{\pi}}e^{ax-\frac{x^2}{4}}$，$-\infty<x<+\infty$，其中常数 $a>0$，则

A. $E(X)=\frac{1}{4}D(X)$.　　B. $E(X)=\frac{1}{2}D(X)$.　　C. $E(X)=D(X)$.

D. $E(X)=2D(X)$.　　E. $D(X)=4E(X)$.

经济类综合能力数学预测试题(八)

数学基础:第 1 ～ 35 小题,每小题 2 分,共 70 分。下列每题给出的五个选项中,只有一个选项是最符合题目要求的。

1. 设 $\lim\limits_{x\to\infty} x^2\left(x\sin\dfrac{1}{x}-1\right)=$

A. $-\dfrac{1}{6}$.　　B. $-\dfrac{1}{3}$.　　C. 0.　　D. $\dfrac{1}{6}$.　　E. $\dfrac{1}{3}$.

2. 设 $f_1(x)=\sqrt{x^2+x}-\sqrt{x^2-x}$, $f_2(x)=x(\sqrt{x^2+1}-\sqrt{x^2-1})$, $f_3(x)=\dfrac{e^x+1}{e^x-1}\arctan x$,

则当 $x\to\infty$ 时极限存在的函数是

A. $f_1(x)$ 与 $f_2(x)$.　　B. $f_1(x)$ 与 $f_3(x)$.　　C. $f_2(x)$ 与 $f_3(x)$.

D. $f_1(x)$, $f_2(x)$ 与 $f_3(x)$.　　E. $f_3(x)$.

3. 曲线 $y=\sqrt{x+2\sqrt{x}}-\sqrt{x-2\sqrt{x}}$ 的水平渐近线方程为

A. $y=0$.　　B. $y=\dfrac{1}{4}$.　　C. $y=\dfrac{1}{2}$.　　D. $y=2$.　　E. $y=4$.

4. 要使函数 $f(x)=\left(\dfrac{3+2x}{3-2x}\right)^{\frac{1}{x}}$ 在区间 $(-1,1)$ 内连续,只需补充定义 $f(0)=$

A. $e^{\frac{1}{6}}$.　　B. $e^{\frac{2}{3}}$.　　C. $e^{\frac{3}{4}}$.　　D. $e^{\frac{4}{3}}$.　　E. $e^{\frac{3}{2}}$.

5. 当 $x\to 0$ 时,与 x^2 等价的无穷小量是

A. $\sqrt{1+x}-\sqrt{1-x}$.　　B. $\ln(1+x)+\ln(1-x)$.　　C. $\sqrt{1+x^2}-1$.

D. $\cos x-1$.　　E. $(1+x)^x-1$.

6. 设 $y=y(x)$ 是由方程 $e^{x+y}+y-x=1$ 所确定的函数,则 $y''\Big|_{x=0}=$

A. -2.　　B. -1.　　C. $-\dfrac{1}{2}$.　　D. $\dfrac{1}{2}$.　　E. 2.

7. 设 $y=\int_0^{1-x} e^{-t^2}\,dt+x^3$,则 $\dfrac{dx}{dy}\Big|_{y=1}=$

A. $-\dfrac{1}{2}$.　　B. $-\dfrac{1}{3}$.　　C. $\dfrac{1}{4}$.　　D. $\dfrac{1}{3}$.　　E. $\dfrac{1}{2}$.

8. 设函数 $f(x)$ 在点 $x=0$ 的某一邻域 $U(0,\delta)$ 内有定义，且在 $U(0,\delta)$ 内，有 $|f(x)| \leqslant 1-\cos x$，则 $f(x)$ 在点 $x=0$ 处

A. 不连续.　　B. 连续但不可导.　　C. 可导且导数为 0.

D. 可导且导数为 1.　　E. 可导且导数为 -1.

9. 函数 $y=\dfrac{2x-1}{(x-1)^2}$ 单调减少且图形是凸的区间为

A. $\left(-\infty,-\dfrac{1}{2}\right]$.　　B. $(-\infty,0)$.　　C. $\left[-\dfrac{1}{2},0\right]$.

D. $[0,1)$.　　E. $(1,+\infty)$.

10. 函数 $f(x)=(x-1)^2(x-2)^2(x-3)^2$ 的极值点的个数为(　　).

A. 2.　　B. 3.　　C. 4.　　D. 5.　　E. 6.

11. 若 $f'(x^3)=x^2$，且 $f(0)=0$，则 $\int f(x)\mathrm{d}x=$

A. $\dfrac{9}{28}x^{\frac{7}{3}}+C$.　　B. $\dfrac{9}{40}x^{\frac{8}{3}}+C$.　　C. $\dfrac{4}{35}x^{\frac{7}{2}}+C$.

D. $\dfrac{25}{24}x^{\frac{8}{5}}+C$.　　E. $\dfrac{16}{21}x^{\frac{7}{4}}+C$.

12. 设 $f(x)$ 是 $\cos 2x$ 的一个原函数，且 $f(0)=0$，则 $f(x)$ 的一个原函数为

A. $-\dfrac{1}{2}\cos 2x$.　　B. $-\dfrac{1}{4}\cos 2x$.　　C. $-2\cos 2x$.

D. $-\cos 2x$.　　E. $\dfrac{1}{2}\cos 2x$.

13. $\displaystyle\int_0^{+\infty}\frac{x^2}{\mathrm{e}^{3x}}\mathrm{d}x=$

A. $\dfrac{1}{27}$.　　B. $\dfrac{2}{27}$.　　C. $\dfrac{1}{9}$.　　D. $\dfrac{2}{9}$.　　E. $\dfrac{2}{3}$.

14. $\displaystyle\int_{-2}^{-1}\frac{\sqrt{x^2-1}}{x}\mathrm{d}x=$

A. $\dfrac{\pi}{3}-\sqrt{3}$.　　B. $\dfrac{\pi-\sqrt{3}}{3}$.　　C. $\sqrt{3}-\dfrac{\pi}{3}$.　　D. $\dfrac{\sqrt{3}-\pi}{3}$.　　E. $\dfrac{2\pi}{3}-\sqrt{3}$.

15. 若曲线弧 $\begin{cases}x=a(t-\sin t),\\ y=a(1-\cos t)\end{cases}$ $(a>0,0\leqslant t\leqslant 2\pi)$ 的长度为 16，则 $a=$

A. $\dfrac{1}{2}$.　　B. 1.　　C. 2.　　D. 4.　　E. 8.

16. 若曲线 $y=3(x^2+1)$ 在点 P 处的切线与该曲线及两直线 $x=0,x=2$ 所围图形的面积最小，则该切线方程为

A. $6x-3y+8=0$.　B. $12x-3y-5=0$.　C. $12x-4y+9=0$.

D. $36x-4y-15=0$.　E. $6x-y=0$.

17. 曲线 $y=2\sqrt{x}$ 与直线 $y=2x$ 所围成的图形绕 y 轴旋转所得旋转体的体积为

A. $\frac{2}{15}\pi$.　B. $\frac{4}{15}\pi$.　C. $\frac{2}{5}\pi$.　D. $\frac{8}{15}\pi$.　E. $\frac{2}{3}\pi$.

18. 设 $f(x,y)$ 可微，且 $f(x,2x)=x$，$f'_x(x,2x)=x^2$，则 $f'_y(x,2x)=$

A. $1-2x^2$.　B. $\frac{1-x^2}{2}$.　C. $1-\frac{1}{2}x^2$.

D. $\frac{1}{2}-x^2$.　E. $1-x^2$.

19. 设函数 $z=z(x,y)$ 由方程 $x+z=yf(x^2-z^2)$ 确定，其中 f 具有连续导数，则

A. $x\frac{\partial z}{\partial x}+y\frac{\partial z}{\partial y}=z$.　B. $y\frac{\partial z}{\partial x}+z\frac{\partial z}{\partial y}=x$.　C. $z\frac{\partial z}{\partial x}+x\frac{\partial z}{\partial y}=y$.

D. $z\frac{\partial z}{\partial x}+y\frac{\partial z}{\partial y}=x$.　E. $y\frac{\partial z}{\partial x}+x\frac{\partial z}{\partial y}=z$.

20. 设函数 $f(x,y)=(x^2-y^2-1)^2+4x^2y^2$，则 $f(x,y)$ 有

A. 一个极大值点，一个极小值点.　B. 一个极大值点，两个极小值点.

C. 两个极大值点，一个极小值点.　D. 两个极小值点，无极大值点.

E. 两个极大值点，无极小值点.

21. 内接于椭圆 $\frac{x^2}{a^2}+\frac{y^2}{b^2}=1$ 的矩形面积的最大值为

A. ab.　B. $\sqrt{2}ab$.　C. $2ab$.　D. $2\sqrt{2}ab$.　E. $4ab$.

22. 设 $\boldsymbol{A}=\begin{pmatrix} a_{11} & a_{12} & a_{13} \\ a_{21} & a_{22} & a_{23} \\ a_{31} & a_{32} & a_{33} \end{pmatrix}$ 可逆，$\boldsymbol{B}$ 为 3 阶矩阵，$\boldsymbol{BA}=\begin{pmatrix} -a_{12} & 3a_{11} & 2a_{13} \\ -a_{22} & 3a_{21} & 2a_{23} \\ a_{32} & -3a_{31} & -2a_{33} \end{pmatrix}$，则 $|2\boldsymbol{B}|=$

A. -48.　B. -12.　C. 12.　D. 24.　E. 48.

23. 设 $\boldsymbol{A},\boldsymbol{B}$ 均为 3 阶方阵，满足 $\boldsymbol{AB}=\boldsymbol{A}+\boldsymbol{B}$. 若 $\boldsymbol{A}=\begin{pmatrix} 2 & 0 & 0 \\ 0 & 3 & 1 \\ 0 & 1 & 2 \end{pmatrix}$，则 $|\boldsymbol{B}|=$

A. 1.　B. 5.　C. 10.　D. 11.　E. 33.

24. 设 $\boldsymbol{A},\boldsymbol{A}^*$ 及 $\boldsymbol{B}$ 都是 5 阶非零方阵，且 $\boldsymbol{AB}=\boldsymbol{O}$，则 $\boldsymbol{B}$ 的秩 $r(\boldsymbol{B})=$

A. 1.　B. 2.　C. 3.　D. 4.　E. 5.

25. 设$\boldsymbol{A},\boldsymbol{B}$均为3阶可逆方阵，且$\boldsymbol{BAB}^{-1}=\begin{pmatrix}1&0&4\\0&2&0\\5&0&3\end{pmatrix}$，互换矩阵$\boldsymbol{B}$的第1行与第2行得矩阵$\boldsymbol{C}$，则$\boldsymbol{CAC}^{-1}=$

A. $\begin{pmatrix}3&0&4\\0&2&1\\5&0&1\end{pmatrix}$.　　B. $\begin{pmatrix}1&0&5\\0&2&0\\4&0&3\end{pmatrix}$.　　C. $\begin{pmatrix}2&0&0\\0&1&5\\0&4&3\end{pmatrix}$.

D. $\begin{pmatrix}1&0&0\\0&3&4\\0&5&2\end{pmatrix}$.　　E. $\begin{pmatrix}2&0&0\\0&1&4\\0&5&3\end{pmatrix}$.

26. 设$\boldsymbol{\alpha}_1=(1,0,0),\boldsymbol{\alpha}_2=(2,k,2),\boldsymbol{\alpha}_3=(1,2,k),\boldsymbol{\beta}_1=(2,1,-2),\boldsymbol{\beta}_2=(3,-2,4),\boldsymbol{\beta}_3=(4,-1,k),\boldsymbol{A}=(\boldsymbol{\alpha}_1^{\mathrm{T}},\boldsymbol{\alpha}_2^{\mathrm{T}},\boldsymbol{\alpha}_3^{\mathrm{T}}),\boldsymbol{B}=(\boldsymbol{\beta}_1^{\mathrm{T}},\boldsymbol{\beta}_2^{\mathrm{T}},\boldsymbol{\beta}_3^{\mathrm{T}})$. 若齐次线性方程组$\boldsymbol{Ax}=\boldsymbol{0}$有非零解，而齐次线性方程组$\boldsymbol{Bx}=\boldsymbol{0}$只有零解，则$k=$

A. -2.　　B. -1.　　C. 0.　　D. 1.　　E. 2.

27. 设$\boldsymbol{A}=\begin{pmatrix}5&a&2\\b&3&-1\\-15&8&-6\end{pmatrix}$，$\boldsymbol{\xi}=\begin{pmatrix}1\\1\\-1\end{pmatrix}$. 若$\boldsymbol{A\xi}$与$\boldsymbol{\xi}$线性相关，则

A. $\boldsymbol{A}\begin{pmatrix}1\\-1\\1\end{pmatrix}$与$\begin{pmatrix}1\\-1\\1\end{pmatrix}$线性相关.　　B. $\boldsymbol{A}\begin{pmatrix}-1\\1\\1\end{pmatrix}$与$\begin{pmatrix}-1\\1\\1\end{pmatrix}$线性相关.

C. $\boldsymbol{A}\begin{pmatrix}1\\1\\0\end{pmatrix}$与$\begin{pmatrix}1\\1\\0\end{pmatrix}$线性相关.　　D. $\boldsymbol{A}\begin{pmatrix}0\\1\\1\end{pmatrix}$与$\begin{pmatrix}0\\1\\1\end{pmatrix}$线性相关.

E. $\boldsymbol{A}\begin{pmatrix}1\\0\\1\end{pmatrix}$与$\begin{pmatrix}1\\0\\1\end{pmatrix}$线性相关.

28. 若方程组$\begin{cases}x_1+x_2+2x_3=3,\\x_1+ax_2+x_3=2,\\x_1+x_2+ax_3=2\end{cases}$有无穷多解，下述$k$为任意常数，则该方程组的通解为$\begin{pmatrix}x_1\\x_2\\x_3\end{pmatrix}=$

A. $\begin{pmatrix}0\\1\\1\end{pmatrix}+k\begin{pmatrix}-1\\-1\\1\end{pmatrix}$.　　B. $\begin{pmatrix}1\\2\\0\end{pmatrix}+k\begin{pmatrix}-1\\1\\0\end{pmatrix}$.　　C. $\begin{pmatrix}0\\1\\1\end{pmatrix}+k\begin{pmatrix}-2\\0\\1\end{pmatrix}$.

D. $\begin{pmatrix}1\\0\\1\end{pmatrix}+k\begin{pmatrix}1\\1\\-1\end{pmatrix}$.　　E. $\begin{pmatrix}0\\1\\1\end{pmatrix}+k\begin{pmatrix}1\\-1\\0\end{pmatrix}$.

29. 设 A,B 是两个随机事件，$P(A)=0.4$，$P(A\cup B)=0.6$，且 $P(\overline{A}\cup\overline{B})=0.8$，则 $P(A|B)=$

A. 0.2.　　B. 0.4.　　C. 0.5.　　D. 0.6.　　E. 0.8.

30. 进行独立重复试验，设每次试验成功的概率为 p，则在成功 2 次之前已经失败了 3 次的概率为

A. $p(1-p)^3$.　　B. $4p(1-p)^3$.　　C. $p^2(1-p)^3$.

D. $4p^2(1-p)^3$.　　E. $6p^2(1-p)^3$.

31. 设随机变量 X_1 服从参数为 λ_1 的指数分布 $E(\lambda_1)$，随机变量 X_2 服从参数为 λ_2 的指数分布 $E(\lambda_2)$. 若 $P\{X_1>a_1\}>P\{X_2>a_2\}$，$a_1,a_2$ 为正数，且 $D(X_1)<D(X_2)$，则

A. $1<\frac{\lambda_1}{\lambda_2}<\frac{a_1}{a_2}$.　　B. $1<\frac{\lambda_1}{\lambda_2}<\frac{a_2}{a_1}$.　　C. $1>\frac{\lambda_1}{\lambda_2}>\frac{a_1}{a_2}$.

D. $1>\frac{\lambda_1}{\lambda_2}>\frac{a_2}{a_1}$.　　E. $\frac{\lambda_1}{\lambda_2}>1>\frac{a_2}{a_1}$.

32. 设随机变量 $X\sim B(3,p)$，$Y\sim B(4,p)$，若 $P\{X\geqslant 1\}=\frac{19}{27}$，则 $P\{Y\geqslant 1\}=$

A. $\frac{5}{27}$.　　B. $\frac{16}{81}$.　　C. $\frac{31}{81}$.　　D. $\frac{64}{81}$.　　E. $\frac{65}{81}$.

33. 已知某射手在3次独立射击中至少一次命中目标的概率为0.875，设X表示该射手在4次独立射击中命中目标的次数，则随机变量 X 的方差为

A. 1.　　B. 2.　　C. 3.　　D. 4.　　E. 5.

34. 设连续型随机变量 X 的概率密度为 $f(x)=\begin{cases}\frac{24}{x^4}, & x\geqslant 2,\\ 0, & x<2,\end{cases}$ 则 $P\{X>D(X)\}=$

A. $\frac{4}{27}$.　　B. $\frac{8}{27}$.　　C. $\frac{4}{9}$.　　D. $\frac{19}{27}$.　　E. $\frac{23}{27}$.

35. 设随机变量 X 的概率密度为 $f(x)=\begin{cases}ax+\frac{1}{2}, & 0\leqslant x\leqslant 1,\\ 0, & \text{其他},\end{cases}$ 若 $E(X^n)=\frac{4}{15}$，则 $n=$

A. 2.　　B. 3.　　C. 4.　　D. 5.　　E. 6.